国家自然科学基金项目

大数据时代个人标识信息隐私泄露检测方法研究

刘翼 著

西安电子科技大学出版社

内 容 简 介

本书介绍了网络个人标识信息的概念、研究意义，阐述了国内外隐私保护相关法律法规的理念和区别，分析了国内外隐私泄露检测技术研究的区别与联系，总结了海量网络流量数据信息采集及数据预处理的框架和基本方法，并结合用户实体行为分析、网络流量协议分析和自然语言处理等技术，提出了个人标识信息隐私泄露检测方法。

本书可作为计算机科学与技术、信息科学、网络空间安全等相关专业高年级本科生和研究生的参考书，也可作为教师、科研人员的参考材料。

图书在版编目(CIP)数据

大数据时代个人标识信息隐私泄露检测方法研究 / 刘翼著. -- 西安：西安电子科技大学出版社，2025.4
ISBN 978-7-5606-7082-9

Ⅰ. ①大… Ⅱ. ①刘… Ⅲ. ①计算机网络—网络安全—个人信息—数据保护—研究 Ⅳ. ①TP393.083

中国国家版本馆 CIP 数据核字(2023)第 187741 号

策　　划　　明政珠
责任编辑　　明政珠　　孟秋黎
出版发行　　西安电子科技大学出版社(西安市太白南路 2 号)
电　　话　　(029) 88202421　88201467　　邮　　编　　710071
网　　址　　www.xduph.com　　　　　　电子邮箱　　xdupfxb001@163.com
经　　销　　新华书店
印刷单位　　陕西天意印务有限责任公司
版　　次　　2025 年 4 月第 1 版　2025 年 4 月第 1 次印刷
开　　本　　787 毫米×960 毫米　1/16　印张 9.5
字　　数　　159 千字
定　　价　　50.00 元
ISBN　　978-7-5606-7082-9 / TP

XDUP 7384001-1

如有印装问题可调换

前　言

　　随着近年来网络技术的高速发展，很多人已经习惯使用各种各样的网络应用程序提高自身的生活质量。为了提供高质量的网络服务，网络应用服务商通常需要收集用户的个人标识信息。

　　网络应用服务商通常会合理合法地收集和使用这些个人标识信息，但是不排除部分网络应用服务商有过度或恶意收集和使用个人标识信息的情况。实际上，大部分用户并没有审查或者阻止个人标识信息被过度收集的能力，很多时候甚至察觉不到自己的个人标识信息已被收集，或者不清楚被收集了哪些信息，而在个人标识信息被收集的过程中，用户个人隐私信息也存在被泄露的风险。

　　随着网络传输能力和计算性能的提高，网络流量中个人标识信息隐私泄露检测方法逐渐成为网络信息安全领域发展的重要研究方向之一。本书以高性能网络流量分析为背景，面对高带宽、大吞吐量网络带来的挑战，从原理、方法和性能等多个方面研究网络流量中个人标识信息隐私泄露的检测方法。本书首先提出了网络流量中个人标识信息隐私泄露检测 4W 问题模型：用户(Who)使用什么应用程序或访问什么服务时(When)，在什么位置(Where)泄露了什么类型(What)的信息；其次，按照问题模型结合网络流量分析技术提取网络流量中的特征信息，并将网络流量转化为多维度数据集；然后，采用大规模网络数据预处理方法和数据集基线标定方法，进行数据清洗、数据集成、数据变换及数据集标定；最后，紧密围绕目前网络流量中个人标识信息隐私泄露检测方法研究中面临的挑战，从个人标识信息的多样性、检测方法的高效性以及个人标识信息的相关性等方面进行研究。本书研究内容层层递进，符合科学研究和事物认知的本质规律。

本书共6章，各章的内容介绍如下：

第1章为绪论。本章首先介绍本书的研究背景和研究意义，并回顾和总结研究中存在的问题与面临的挑战；然后给出本书的研究内容与创新点。

第2章为国内外研究现状及发展趋势。本章从概念和法律定义方面定性描述个人标识信息，并综述国内外个人标识信息隐私泄露检测方法的研究现状及发展趋势。

第3章为网络流量数据预处理方法。本章首先提出网络流量数据中个人标识信息隐私泄露检测4W问题模型；其次介绍网络流量数据采集过程和数据预处理工作；最后综合正则表达式匹配方法、关键词语义方法、词典方法等提出网络流量数据集基线标定方法。

第4章为基于用户行为规则的个人标识信息识别方法。本章首先通过网络流量分析技术提取网络流量中的特征信息，按照用户行为层次模型将网络流量转化为数据；然后根据个人标识信息的性质提出用户行为规则算法，定量分析个人标识信息的范围，界定个人标识信息理论边界。

第5章为基于静态污染的个人标识信息定位抽取方法。本章根据先验知识——输入的污染信息，通过域间传播和域内感染两个步骤建立信息流图，提出基于静态污染的个人标识信息定位抽取方法。该方法能够自动、准确地从大规模网络流量中定位并抽取出个人标识信息。另外，本章还提出三种性能优化方法，可有效减少算法的空间复杂度和时间复杂度，提升静态污染定位抽取方法的计算性能。

第6章为基于信息向量空间模型的个人标识信息分类方法。本章首先将网络流量中个人标识信息隐私泄露检测问题转化为文本分类问题；其次根据特征信息建立贝叶斯三层生成模型；然后训练出模型的相关参数；最后利用训练好的模型分类个人标识信息。

本书具有较强的理论性、系统性和逻辑性。本书对隐私及个人标识信息检测的重要理论和方法进行了分析，提出了基于用户行为规则的个人标识信息识别方法、基于静态污染的个人标识信息定位抽取方法和基于信息向量空间模型的个人标识信息分类方法，其重点突出，条理清晰。此外，本书还剖析了这些方法的算法实现，给出了实验设计与结果，具有较强的实践性。

本书的研究工作将为隐私泄露检测领域提供新的技术方案，有望系统地形成网络流量中个人标识信息隐私泄露检测的技术体系，并可以从技术层面为法律的制定和执行提供有力的技术支持和依据。

本书的作者是延安市智能网络与信息安全科技创新团队负责人，书中所涉及的研究成果均源自团队人员在隐私泄露检测研究领域多年来的深入探索和积累。本书的编写得到了北京理工大学嵩天教授以及延安大学数学与计算机科学学院各位领导、延安市智能网络与信息安全科技创新团队成员的鼎力支持。此外，本书相关成果还获得了国家自然科学基金(61962059)、延安大学博士科研启动项目(YDBK2019-72)、延安市科技计划(2022SLGYGG-007)的资助。

希望通过本书的阅读，读者能学有所得。同时，由于作者水平有限，书中不当之处在所难免，欢迎广大同行和读者批评指正。

刘 翼

2023 年 4 月 15 日

于延安大学

目　录

第1章

绪　　论

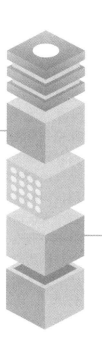

随着网络技术的快速发展，人们可以随时随地通过浏览器或者网络应用程序(App)从事各种网络活动，网络大大地改变了人们的生产和生活方式[1]。随着移动互联网的快速发展、网络智能终端设备的普及以及种类繁多的移动应用程序数量的迅猛增长，用户通过网络应用程序获得了更多高质量的网络应用服务，人们对网络的依赖程度也越来越深。

为了提供高质量的用户服务，网络应用服务商会直接或间接收集和使用用户的个人标识信息(PII)[2-3]。移动智能终端携带的多种传感器设备能够更加广泛地收集个人标识信息。这些个人标识信息可以是单个(直接)信息，也可以由若干个(间接)信息组成[4]。这些个人标识信息可能是设备标识信息、设备上存储的记录信息、本地传感器记录的信息以及 App 自身产生的记录信息[5]，比如设备标识信息中的国际移动设备身份编码 IMEI、手机通讯录中的电话号码、传感器记录的用户定位信息、App 产生的账号或密码等。

通常情况下网络应用服务商会合理合法地收集个人标识信息，并将它们上传到云端，通过分析个人标识信息为用户提供更高质量的服务。这些个人标识信息可以用来分析和推测用户的兴趣偏好、性格特征和政治立场等，并且可用于建立用户画像(User Profile)以进一步预测用户行为，更精准地制定用户服务策略并发现潜在用户。例如，广告商收集用户的个人标识信息后可将用户分类，有针对性地提供广告，并且发现潜在的消费个体[6]。

用户的隐私信息在个人标识信息的收集过程中存在被泄露的风险[7-9]。网络应用服务商通常以提供给用户免费或廉价的网络应用服务的方式，换取用户的个人标识信息。大部分网络应用服务商会妥善处理这些用户信息，但是不排除部分网络应用服务商过度或恶意地收集和使用个人标识信息，也有少数开发者或网络应用服务商将收集到的用户信息转售给第三方机构[10]。少数 App 还会联合个别手机数据商店，阻碍用户了解这些服务商自动收集个人标识信息的程度[11]。实际上，用户有时甚至察觉不到自己的个人标识信息被收集，或者被收集了哪些信息，且大部分用户并没有审查或者阻止个人标识信息被过度收集的能力[12]。另外，将一些看似无关紧要的网络个人标识信息收集在一起进行分析，得出的结果也有可能造成巨大的隐私泄露。

研究发现，用户经常使用超文本传输协议(HTTP)访问网络服务，其中，移动终端用户使用 HTTP 的访问流量占总访问流量的 40%左右[13]。用户个人标识信息的泄露主要存在于 IP 网络。App 隐私信息泄露从 2010 年至 2017 年由 13.45%上升到 49.78%[9]，其中大部分泄露发生在 IP 网络，只有 1%的泄露发生在安全管理系统(SMS)中[14]。

近几年，公安部门共侦破侵犯个人信息犯罪相关案件 3700 余起，抓获犯罪嫌疑人 11 000 余名[15]。从破获的案件来看，用户个人信息泄露呈现渠道多、窃取违法行为成本低、追查难度大等特点。随着违法分子使用的手段不断升级，因用户个人信息泄露引发的"精准诈骗"案件也愈发增多，给社会造成了严重危害[16]。

传统的个人标识信息隐私泄露检测方法研究工作主要关注面向网络客户端的个人标识信息隐私泄露检测方法。这类方法通过检测个人标识信息是否被网络应用程序发送到网络，发现引起用户隐私泄露的问题。这些研究工作分为静态检测方法[17]和动态检测方法[18]。这两种方法都是通过分析网络应用程序源代码中的函数调用关系或者系统权限申请，追踪控制信息流中的个人标识信息，达到检测隐私泄露目的的目的。静态检测方法不能分析加载运行过程中动态加载执行的代码，通常这些代码会占整个 App 代码的 30%[19]。动态检测方法需要通过在程序中插入监控代码来实现，或者对操作系统平台进行扩展，修改网络应用程序的运行环境。该方法修改了分析程序的原则，并且动态跟踪会消耗移动系统平台有限的资源，系统开销较大。但是，面向网络客户端个人标识信息隐私泄露的检测方法并不能有效阻止个人标识信息被发送到网络。

随着网络传输能力和计算性能的提高，面向网络流量的个人标识信息隐私泄露检测方法的研究工作得到了学术界和产业界的广泛关注，成为隐私泄露检测方法的重要发展方向之一。网络流量中个人标识信息隐私泄露检测方法具有以下特点：

(1) 全面性。网络流量可以完全反映用户的网络空间行为，涵盖全部样本空间，可以利用"大数据"理论模式分析和挖掘用户信息和科学知识，解决因采用少数样本进行建模而导致检测模型存在较大误差的问题。

(2) 关联性。个人标识信息与用户紧密相关，相比以前将隐私检测关联到客户端或 App 层面的隐私泄露检测方法，网络流量中个人标识信息隐私泄露检测方法是更为深入到用户层面的隐私泄露检测，可分析个人标识信息与用户的相关性。

(3) 扩展性。网络流量中个人标识信息隐私泄露检测采用被动检测方法，直接捕获网络数据包进行数据分析，无须修改网络环境或扩展终端系统，节约了系统资源；同时，通过在设备上附加硬件与软件来干扰网络数据的传输，具有灵活的移动性和扩展性。此外，网络应用服务商和网络管理者并不满足于仅从网络流量中获得网络层的信息，而是迫切希望获取更高层次(应用层)的个人标识信息，及时地检测用户个人隐私泄露事件，合理地指导用户进行网络规划，精细地制定用户服务策略，并准确地追踪网络犯罪行为，以及应对用户日益增长的其他需求。

■ 1.1　研究中存在的问题与面临的挑战

虽然网络流量中个人标识信息隐私泄露检测方法克服了传统个人标识信息隐私泄露检测方法存在的问题，但是随着高性能网络体系结构复杂度、网络传输能力和计算性能的提升，网络流量中个人标识信息隐私泄露检测方法将面临个人标识信息多样性、高效性、相关性等方面的挑战，主要表现在以下三个方面。

1. 个人标识信息的概念定义不清晰

由于网络体系结构日益复杂，产生个人标识信息的信息源种类繁多，这使得个人标识信息的范围和种类的边界界定变得越来越困难[11]。尽管法律法规和行业标准的内容中都定性描述了个人标识信息的概念，然而没有精准的定量研究，无法帮助到技术层面的用户隐私泄露检测工作。

网络终端设备及网络体系结构等方面的不断变化使得个人标识信息也随之发生变化。在真实的高性能网络流量中，新的个人标识信息会随时出现，现有的个人标识信息也有可能会蜕化成普通信息、数据，或者消亡。个人标识信息的多元性和异构性导致其知识规则模糊。此外，真实的网络流量数据存在大量的噪声、不一致、冗余/重复等问题，也为数据预处理工作带来挑战。

2. 高带宽网络带来的大规模稀疏网络数据导致检测方法性能欠佳

网络带宽在以太网和光纤技术发展基础上以超过摩尔定律近 10 倍的速度增长[20]，实际网络中骨干网络带宽增速也高于摩尔定律的发展速度。随着网络带宽和计算能力的提升，以及用户需求的日益增长，高带宽网络会产生大规模的网络流量，而个人标识信息在这些海量的网络数据中犹如沧海一粟，使个人标识信息隐私泄露检测面临着巨大的挑战。

目前，网络流量中个人标识信息隐私泄露检测方法主要采用正则表达式匹配方法(Regular Expression Matching Method)[21]、关键词语义方法(Keyword-semantic Method)和词典方法(Lexicon Method)[22]来检测个人标识信息。

(1) 正则表达式匹配方法采用正则表达式表示个人标识信息。这种方法根据邮件地址的先验知识，提炼出适合邮件的正则表达式，然后在网络流量数据中提取匹配该正则表达式的个人标识信息作为邮件地址。

(2) 关键词语义方法是指分析键值对(Key-Value Pairs)中关键词 Key 的语义，提取个人标识信息键值对。例如，参数传递的格式为 ID = 12345678，通过对关键词 ID 的语义分析，可以将 12345678 定位为用户的账号，也可以定位为用户的其他个人信息。

(3) 词典方法是指将相同类型的个人标识信息组成有限集合，查找网络流量数据中属于这个集合元素的信息并将其作为个人标识信息，例如世界国家名称词典、中国省份名称词典或者人物名字词典。

正则表达式匹配方法适合提取规则的个人标识信息，而关键词语义方法和词典方法适合提取无规则的个人标识信息。虽然这些方法能够表示或涵盖全部的个人标识信息，但是其定位和分类的结果中经常出现误报(FP)，导致这些方法的性能较低，而且这些方法还需要大量的人工干预和先验知识。因此，在海量网络流量中自动、精准、快速地定位和抽取个人标识信息无异于大海捞针。

3. 个人标识信息的相关性研究缺乏

隐私是一个抽象的概念，其本质是信息。个人标识信息是隐私的外在具体表现形式之一，它可以将隐私信息分为抽象的隐私信息和具体的隐私信息。个人标识信息可以直接体现用户具体的隐私信息，比如姓名、年龄、电子邮箱等；也可以由一组个人标识信息间接地推断出用户的抽象隐私信息。一些看似无关紧要的网络个人标识信息被收集并分析后得出的结果也可能带来巨大的隐私泄露风险。

由此可见，个人标识信息与隐私关联的紧密程度存在差异性，而且个人标识信息泄露程度也存在差异。定量计算不同个人标识信息的相关度和泄露的频率、程度等相关因素的参数，可以作为用户隐私泄露风险评估的基础研究内容。

综上所述，研究工作面临个人标识信息概念不清晰、检测方法性能欠佳、个人标识信息相关性定量研究缺乏等多方面的挑战。研究并解决这些问题直接关系到网络流量中隐私泄露检测的实际应用和部署。

1.2 研究内容与创新点

本书以高性能网络流量分析为背景，从理论、实现方法和性能等多个角度研究网络流量中个人标识信息隐私泄露的检测方法，主要研究内容包括基于用户行为规则的个人标识信息识别方法、基于静态污染的个人标识信息定位抽取方法和基于信息向量空间模型的个人标识信息分类方法。本书提出的这三种方法分别可以解决上述研究中存在的问题和面临的挑战。本书主要研究内容和创新点如下。

1. 提出了基于用户行为规则的个人标识信息识别方法

该方法结合个人标识信息的定性描述，开展个人标识信息的定量研究。首先，通过网络流量的协议分析过程，抽取其中的特征信息，提出问题模型，并构建层次结构的用户行为模型，从用户、服务、位置、值等多个维度进行分层并行计算，将网络流量转化为数据文本。其次，根据个人标识信息的唯一性、相异性和解释性，总结出知识规则，建立用户行为规则识别模型，从技术层面研究个人标识信息的范围，解决个人标识信息理论边界的界定问题，清晰地定义和描述个人标识信息的规则，进而定量研究个人标识信息。

2. 提出了基于静态污染的个人标识信息定位抽取方法

该方法从研究面向网络客户端的个人标识信息隐私泄露检测方法，延伸到研究面向网络流量的个人标识信息隐私泄露检测方法，重点研究在大规模网络流量中精准定位抽取个人标识信息的方法，以及在大规模网络中对算法性能进行优化的问题。该方法根据先验知识，通过域内感染和域外传播两个循环迭代的过程，自动准确地抽取个人标识信息。随后提出的三种性能优化方法，从减少计算样本空间、降低算法执行轮次以及优化算法搜索路径等方面，减少了计算开销，显著提升了大规模网络流量中精准定位抽取个人标识信息方法的计算性能。

3. 提出了基于信息向量空间模型的个人标识信息分类方法

该方法首先利用特征信息建立三层贝叶斯网络结构的生成模型，然后利用数据集训练模型得到相关参数，并将服务-位置及其传输信息表征为多维向量，最后利用训练模型确定服务-位置及其中传输信息的类型。实验结果表明，基于信息向量空间模型的个人标识信息分类方法对较为普遍出现的个人标识信息分类效果显著。该方法根据文本分类理论模型，统计出了服务-位置、信息与类型相互之间的概率分布，研究分析出了个人标识信息的相关性，为隐私泄露风险评估提供了依据。

此外，本书的研究工作还涉及大规模网络流量数据预处理工作。例如：根据网络大数据的特殊属性，制定了相同服务且相似地址的数据可被归约统一的规范，而且数据归约产生的多种异构数据源数据可以通过数据集成和变化进行标准化和规范化。

本书对网络隐私泄露检测工作进行概括和综述，主要研究网络流量中个人标识信息隐私泄露检测方法。研究工作将为隐私泄露检测领域提供新的技术方案，有望系统地形成网络流量中个人标识信息隐私泄露检测的技术体系，并可以从技术层面为法律的制定和执行提供有力的技术支持和依据。

第 2 章

国内外研究现状及发展趋势

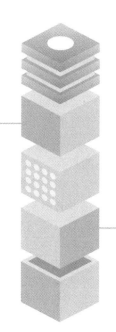

本章主要介绍个人标识信息隐私泄露检测方法的国内外研究现状及发展趋势。首先概述个人标识信息的概念及其与隐私的关系，其次综述个人标识信息隐私泄露检测方法的研究现状与发展趋势，最后对几种主要的隐私泄露检测方法进行描述和比较。

2.1　个人标识信息

2.1.1　隐私的概念

隐私一般源于人的羞耻感，是隐秘的、私人的事情[23]。1890 年，美国哈佛大学法学院教授 Samuel D. Warren 与 Louis D. Brandeis 为了驳斥《波士顿报》对 Samuel D. Warren 的家庭私事的大肆报道，共同在《哈佛法学评论》(Harvard Law Review)发表了著名的文章《论隐私权》(The Right to Privacy)，其中提出了 "Privacy is the right to be let alone" 的原则[24]，并详细指出 "个人有权保持个人私密以防止被呈现于公众之前，这是隐私权外延中最简单的情形。保护个人不成为文字描述的对象、私生活不被指指点点将是一种更为重要、范围更广的权利。" [25-26]

美国商务部电信管理局在 1995 年 10 月发布的《关于隐私与信息高速公路建设的白皮书》[3]中将隐私具体解释为八个方面的内容：私有财产的信息，姓名与形象利益的信息，不为他人干涉的事，组织或企业内部的机密事务，不便露面的场合，他人的个人信息，其他私生活信息，以及私人与官员相对身份的信息[23]。

隐私的主体是自然人，客体是自然人的个人事务、个人信息和个人领域。它不能代替具体事物或人的行为，只能是事物或人的行为反映出来的信息。

2.1.2　相关立法概念

1. 个人标识信息的相关立法

个人标识信息在各国立法概念中有不同的表述形式。目前，美国、中国、日本和欧盟等国家或组织对个人隐私保护的立法和实践较为完善，表 2.1 列举了一些国家或组织关于隐私保护的法律名称、颁布时间及概念表述。世界各国立法主要使用的概念有：个人标识信息、个人信息、个人数据、个人资料及个人隐私。法律学术界早期比较一致地使用"个人信息"的概念，它始于1968 年联合国"国际人权会议"中提出的"资料保护"，在概念上最为接近的是"个人数据"。

表 2.1　部分国家或组织相关立法概念介绍表

概念表述	国家或组织	法律名称	颁布时间
个人标识信息	美国	《隐私权法》	1974 年
个人标识信息	加拿大	《隐私权法》	1987 年
个人标识信息	澳大利亚	《隐私权法》	1988 年
个人数据	欧盟	《通用数据保护指令》	2016 年
个人信息	俄罗斯	《俄罗斯联邦信息、信息化和信息保护法》	1999 年
个人信息	韩国	《公共机构之个人信息保护法》	1999 年
个人数据、个人信息	日本	《个人信息保护法》	2005 年
个人隐私、个人信息	经济合作与发展组织(OECD)	《关于隐私保护与个人数据跨国流通的指南》	1980 年

2. 中国网络立法的发展阶段

中国网络立法随互联网的发展经历了从无到有、从少到多、从点到面、从面到体的发展过程。该过程可分为以下三个阶段。

第一阶段：全功能接入国际互联网阶段(1994 年至 1999 年)。这一阶段上网用户和设备数量稳步增加，网络立法主要聚焦于网络基础设施安全，即计算机系统安全和互联网安全。

第二阶段：互联网发展阶段(2000 年至 2011 年)。随着计算机数量的逐步增加、上网资费的逐步降低，用户上网日益普遍，网络信息服务迅猛发展。这一阶段网络立法逐渐侧重网络服务管理和内容管理。

第三阶段：移动互联网阶段(2012 年至今)。这一阶段网络立法逐步趋向全面涵盖网络信息服务、信息化发展、网络安全保护等在内的网络综合治理。在这一阶段，中国制定出台网络领域法律 140 余部，基本形成了以宪法为根本，以法律、行政法规、部门规章和地方性法规、地方政府规章为依托，以传统立法为基础，以网络内容建设与管理、网络安全和信息化等网络专门立法为主干的网络法律体系，为网络强国建设提供了坚实的制度保障。

1994 年出台《中华人民共和国计算机信息系统安全保护条例》，确立计算机信息系统安全保护制度和安全监督制度。

1997 年制定《计算机信息网络国际联网安全保护管理办法》，落实宪法对通信自由和通信秘密基本权利的保护。

2009 年、2015 年通过刑法修正案，设立侵犯公民个人信息罪，强化个人信息的刑法保护。

2000 年制定《中华人民共和国电信条例》，规定电信用户有依法使用电信的自由和通信秘密受法律保护。近些年我国个人信息保护工作也取得了一些重要进展，并开始逐步建立和完善网络个人信息安全保护的法律体系。

2000 年 9 月出台《互联网信息服务管理办法》(2011 年 1 月修订)，明确在我国境内从事互联网信息服务活动的基本要求和管理方式。

2014 年，中央网络安全和信息化委员会领导小组成立，集中统一领导全国互联网工作。在中央网信办统筹协调下，各地网信机构逐渐建立，网络安全管理工作也逐步成熟。

2018 年 3 月，中共中央在《深化党和国家机构改革方案》中将中央网络安全和信息化委员会领导小组改组，并成立中央网络安全和信息化委员会，加强了国家网络安全的保障职能。针对各界关注、百姓关切的突出问题，制定相关法律法规，相继颁布《中华人民共和国数据安全法》《中华人民共和国个人信息保护法》《关键信息基础设施安全保护条例》等一系列法律法规，明确网络信息内容传播规范和相关主体的责任，为治理危害国家安全、损害公共利益、侵害他人合法权益的违法信息提供了法律依据，形成我国网络安全法体系框架(如表 2.2 所示)的五个层面：法律、行政法规、部门规章、政策文件、国家标准。以《中华人民共和国网络安全法》等法律为核心，构建起科学、合理、完备的网络安全法律规范体系。以《中华人民共和国数据安全法》和《中华人民共和国个人信息保护法》为基础，建立数据分类分级保护基础制度和个人信息保护制度。以《关键信息基础设施安全保护条例》和《网络安全审查办法》等为支撑，加强关键信息基础设施的安全保护和监管。以互联网信息内容服务监管法规、网络著作权保护、打击互联网非法信息内容犯罪等为补充，规范互联网信息内容的管理和传播。

表 2.2　我国网络安全法体系框架表

分类	数据安全	个人信息保护	数据安全 + 个人信息
法律	《中华人民共和国数据安全法》	《中华人民共和国民法典》(111 条、1032~1039 条)《中华人民共和国个人信息保护法(草案)》	《中华人民共和国网络安全法》《中华人民共和国密码法》《中华人民共和国电子商务法》《中华人民共和国电子签名法》
行政法规	—	—	《网络安全等级保护条例》
部门规章	《关键信息基础设施安全保护条例》	《儿童个人信息网络保护规定》《电信和互联网用户个人信息保护规定》	《网络安全审查办法》《网络信息内容生态治理规定》
政策文件	《数据安全管理办法(征求意见稿)》	《常见类型移动互联网应用程序必要个人信息范围规定》《App 违法违规收集使用个人信息行为认定方法》《个人信息出境个人信息保护认证办法(征求意见稿)》	—
国家标准	《大数据服务安全能力要求》《信息安全技术 数据交易服务安全要求》《信息安全技术 大数据安全管理指南》《信息安全技术 数据安全能力成熟度模型》	《信息安全技术 个人信息去标识化指南》《信息安全技术 个人信息安全规范》《信息安全技术 个人信息安全影响评估指南》	网络安全等级保护系列标准

　　进入新时代以来，法治思维贯穿网信事业发展的始终，我国开始加快推进网络安全领域顶层设计，在深入贯彻落实网络安全法的基础上，制定并完善网络安全相关战略规划、法律法规和标准规范，以《中华人民共和国网络安全法》为核心的网络安全法律法规和政策标准体系基本形成，网络安全"四梁八柱"基本确立。

　　2012 年通过《全国人民代表大会常务委员会关于加强网络信息保护的决

定》，明确保护能够识别公民个人身份和涉及公民个人隐私的电子信息。

2016 年 12 月发布《国家网络空间安全战略》，确立网络安全的战略目标、战略原则、战略任务，进一步完善了个人信息保护规则。

2017 年 6 月 1 日，《中华人民共和国网络安全法》正式实施，这是我国网络安全领域首部基础性、框架性、综合性法律。

2019 年制定《儿童个人信息网络保护规定》，对儿童个人信息权益予以重点保护。

2020 年，十三届全国人大三次会议审议通过《中华人民共和国民法典》，在前期法律规定的基础上，对民事领域的个人信息保护问题进行了系统规定。

2020 年修订《中华人民共和国未成年人保护法》，对加强未成年人网络素养教育、强化未成年人网络内容监管、加强未成年人个人信息保护和网络沉迷防治等作出专门规定，保护未成年人的网络合法权益。

2021 年制定《中华人民共和国个人信息保护法》和《中华人民共和国数据安全法》，细化完善个人信息保护原则和个人信息处理规则，依法规范国家机关处理个人信息的活动，赋予个人信息主体多项权利，强化个人信息处理者义务，健全个人信息保护工作机制，设置严格的法律责任，个人信息保护水平得到全面提升。

2021 年制定《关键信息基础设施安全保护条例》，明确关键信息基础设施范围和保护工作原则目标，完善关键信息基础设施认定机制，对关键信息基础设施运营者落实网络安全责任、建立健全网络安全保护制度、设置专门安全管理机构、开展安全监测和风险评估、规范网络产品和服务采购活动等作出具体规定，为加快提升关键信息基础设施安全保护能力提供法律依据。

伴随数字经济的快速发展，非法收集、买卖、使用、泄露个人信息等违法行为日益增多，严重侵害了人民群众人身财产安全，影响了社会经济正常秩序。个人信息保护不仅关系到广大人民群众的合法权益，也关系到公共安全治理和数字经济发展。

中国针对个人信息侵权行为的密集性、隐蔽性、技术性等特点，采取新的监管思路、监管方式和监管手段，加大违法行为处置力度，持续开展移动互联网 App 违法违规收集使用个人信息专项治理，有效整治违法违规收集使用个人信息问题。

2019 年以来，我国累计完成 322 万款移动互联网应用程序检测，通报、下架违法违规移动互联网应用程序近 3000 款。通过专项治理，侵害用户个人信息权益的违法违规行为得到有力遏制，个人信息保护意识得到显著增强，个人信息保护合规水平也得到明显提升，全社会尊重和保护个人信息权益的良好局面初步形成。

随着社会的发展，国家网络安全工作体系不断健全，也不断建立健全了国家网络安全事件应急工作机制，以提高应对网络安全事件的能力。如：《国家网络安全事件应急预案》的发布实施使得网络安全应急响应和处置能力得到有效提升；《网络安全审查办法》的发布可以有效防范化解供应链网络安全风险；《云计算服务安全评估办法》的制定提高了党政机关、关键信息基础设施运营者采购使用云计算服务的安全可控水平。对网络安全国家标准进行统一技术归口，统一组织申报、送审和报批，国家网络安全标准体系日益健全。截至 2022 年底，已发布个人信息安全规范等国家标准 263 项，正在研究制定国家标准 79 项，39 项国家标准和技术提案被国际标准化组织吸纳。

个人标识信息涵盖内容非常广泛，在不同场景中其概念的界定并不明确。虽然各个国家在立法中使用的个人标识信息的概念和定义不同，但是其本质是相同的。

2.1.3　个人标识信息的概念、性质和分类

1. 个人标识信息的概念

个人标识信息的概念首先出现于美国立法中，它与"个人信息""个人数据""个人资料"的意义相似。1974 年 12 月 31 日，美国参众两院通过的《隐私权法》中提出个人标识信息的概念，随后在 1979 年将其编入《美国法典》，这是美国行政法中保护公民隐私权和了解权的一项重要法律。它就政府机构对个人信息的采集、使用、公开和保密问题作出了详细规定，以此规范联邦政府处理个人信息的行为，解决公共利益与个人隐私权之间的矛盾。

随着网络信息技术的发展，人们在网络空间的活动越来越广泛和频繁，在原有个人标识信息的基础上，产生了一些新的网络个人标识信息，比如 ID、Mail、定位信息、IMEI 等。参考美国白宫管理与预算办公室(OMB)[3]与美国标准与技术学会(NIST)[27]，本书将个人标识信息定义为：能够区分或者跟踪个体对象的信息，包括：

(1) 用于区分或跟踪独立个人的信息，例如姓名、社会编号、出生日期和出生地、姓氏或者生物标识。

(2) 直接关联或可能关联到个人的其他信息。单独考虑这些信息时，它们不足以识别一个个体，但将其与其他个体信息结合考虑时可能会识别出个体。例如，如果信用评分的信息关联年龄、地址和性别等补充信息，就可能标识出独立个体[28]。

2009 年，Krishnamurthy 等人利用技术手段从在线社会网络(OSN)的应用服务数据包中观测个人标识信息，并将传统的个人标识信息概念延伸到网络空间。其中的个人标识信息定义为：能够区分或者跟踪个体对象的单个信息，或者一组信息[4]。

综合上述定义的内容，可将个人标识信息定义为：能够识别、区分或者跟踪独立个体(对象)的网络信息，它可以是单一(或直接)的信息，也可以由若干(或间接)信息组成。

本书使用"个人标识信息"，而不是国内统一使用的"个人信息"或者其他概念作为概念表述，一方面是因为"个人标识信息"突出对个人识别、分类和跟踪的特点，更能体现出技术层面的性质；另一方面，是为了与国内外类似的工作和目前发表的文献资料保持统一，便于查阅和交流。

2. 个人标识信息的性质

根据个人标识信息的定义，在一定的周期内，个人标识信息具有三个基本性质：

(1) 唯一性。个人标识信息在某一独立个体(对象)内不会发生改变。

(2) 相异性。相同类型的个人标识信息在不同独立个体之间应具有相异性。

(3) 解释性。个人标识信息表示独立个体的某项属性信息，具有特殊意义。

3. 个人标识信息的分类

个人标识信息主要可以分为以下四大类[22]：

(1) 机器标识(Device Identifiers)信息，是与用户紧密相关的设备信息或者系统信息，例如 IMEI、MAC 地址、IDFA、设备号等。

(2) 用户标识(User Identifiers)信息，是用户直接属性的标识信息，例如用户名(User Name)、密码、用户账号、姓名(Name)、昵称(Nick)、电子邮箱(E-mail)等。

(3) 联系信息(Contact Information)，是可以直接联系到用户的信息，例如电话号码(Phone Number)。

(4) 位置(Location)信息，是可以直接表示用户位置的信息，例如 GPS 纬度和经度(Latiude and Longitude)。

本书提出的方法研究了其中十种典型的个人标识信息：IMEI、MAC、IDFA、Device ID、User ID、Name、E-mail、Password、Phone Number 和 Location。

2.2　相关研究工作

早期的研究工作[29]是根据第三方应用服务中 Web 浏览器的状态检测、跟踪、收集网络中的个人标识信息。本书按照执行场景所处位置，将网络中的个人标识信息检测方法分为面向客户端的检测方法和面向网络流量的检测方法两类。

2.2.1　面向客户端的检测方法

前期研究工作提出了一系列面向客户端的个人标识信息检测方法，以检测个人标识信息是否被 App 收集并发送到网络引起的隐私泄露问题。面向客户端的个人标识信息检测方法分为静态检测方法和动态检测方法。

1. 静态检测方法

静态检测方法[30]是在不执行 App 代码的情况下，利用符号执行(Symbolic Execution)[31]平台分析和匹配 App 源代码中的系统调用函数，或者采用信息流分析方法[32-33]识别和跟踪 App 源代码中的个人标识信息。

早期的研究工作主要分析 App 权限申请的特征[34]，识别和监测 App 申请获得权限或权限提升访问资源信息的行为[35]。例如，App 申请相应权限获取用户位置信息和联系人列表等网络个人标识信息。权限申请和权限提升的静态检测方法能够审计第三方应用资源库[36-37]，监测 App 基于系统权限的系统调用[32,38]，分析 HTTP 的使用情况[39-40]，检测恶意程序[41-43]。静态检测方法还可以通过检测用户接口(API)调用行为提取网络个人标识信息，如 Felt[44]提出的方法通过 API 调用提取个人标识信息，Bartel 等人[30]、Au 等人[32]与 Atzen 等人[45]也提出了相似的方法。

静态检测方法中的权限和 API 调用检测方式往往很难起到有效的检测作用。采用这种方法用户会频繁地收到 App 权限请求，审查此权限是否为合理的过程经常需要付出较多的精力和耐心，而且用户通常也没有能力审查 App 访问的合法性[46]。也就是说，大部分用户并不能确定到底应允许还是应阻止 App 获得访问个人标识信息资源的权限。因此，很多时候个人标识信息还是会被传输到网络，引起网络层中的隐私泄露问题。

另外，静态检测方法是在不执行代码的情况下，通过分析代码文件的静态结构和内容监测信息流的方式提取网络中的个人标识信息，故又称为静态信息流检测方法[47-49]。在静态信息流检测方法中，由于直接分析解压 APK 文件中的二进制文件比较困难，故会利用工具[50]将其转换成中间语言，生成信息流控制图。最后将个人标识信息作为"污点"，根据信息流控制图研究"污点"的流向，标定所有的个人标识信息。例如，在 Android 平台中按照系统函数的调用关系先构建信息流向过程再检测个人标识信息的方法[17,51]和基于 iOS 平台的 PiOS 方法[9]都是通过信息流分析获取个人标识信息的访问行为。

静态信息流检测方法不执行程序的代码，实现方法简单，适用于大规模的App 分析，并且无须触发交互行为，不会产生额外的执行开销。但是静态信息流检测方法不能识别 App 之间的通信与进程间通信等过程中的个人标识信息，无法精确地检测和持续地跟踪信息流。另外，静态信息流检测方法也不能分析App 在运行过程的交互行为中动态加载的代码。通常这些在 App 运行过程中才加载执行的代码会占到整个 App 代码的 30%[19]。

2. 动态检测方法

动态检测方法[8,18,48,52-55]在 App 代码执行的过程中，通过信息流分析(IFA)跟踪系统函数调用[56]，提取网络中的个人标识信息。动态检测方法可以跟踪 App在执行过程中加载到内存的参数，将调用的个人标识信息参数设为"污点"，并追踪感染(扩散)到其他系统调用函数中的个人标识信息。这种感染传播过程类似于信息的复制和突变过程，最后标定的个人标识信息形成一个样本池。

目前较为先进的动态检测方法是 TaintDroid 方法[18]，它通过修改的 Android虚拟机将个人标识信息标记为"污点"，并采用动态跟踪方式提取个人标识信息。基于该方法构建的系统还有 AppFence[57]方法和 Droidbox 工具。文献[58]按照污点跟踪的动态行为序列进行特征提取，形成特征行为库，提高了个人标识信息检测的准确率。同时 AppGuard[33]、Aurasium[13]、NativeGuard[59]等方法也可以依靠内联引用监视器(Inlined Reference Monitors)跟踪第三方 App 内的个人标识信息，更加精细化地检测系统调用信息中的个人标识信息。

另外，针对 iOS 平台的动态检测方法通过检测挂钩敏感 API 系统函数调用实现[60]。PMP 方法[61]通过挂钩 API 调用监控 App 访问个人标识信息的行为。MobileAppScrutinator[62]可以实现跨平台关键 API 挂钩技术检测。此外，CRAXDroid[63]通过 S2E 系统级符号执行平台实现了对网络端口发送数据流的动态监测。

动态检测方法具有较高的准确率，即使个人标识信息存在一定的混淆，它也能较快地分辨出来。但是动态检测方法需要通过在程序中插入监控代码来实现，或者对 Android 平台进行扩展，修改 App 的运行环境，这改变了分析程序的原则。

动态检测方法主要面临以下三个问题：

第一，移动系统平台的资源有限，插入代码和修改运行环境的操作需要系统增加额外的开销[17]，导致动态跟踪开销比较大；

第二，这种方法需要模拟事件触发过程，与执行中的 App 产生某种交互才能触发个人标识信息的调用，比如点击按钮或者拖曳控件；

第三，这种方法没有考虑 App 控制数据流内隐含的信息流[64]。动态"污点"跟踪方法只能跟踪监测源"污点"到目的对象之间直接传输的字节流，却不能监测暗藏在应用控制流中的数据流，比如条件分支语句、隐藏的信道或者声量控制等情况[29,64-66]。

此外，面向客户端的个人标识信息检测方法通常使用"UI Monkeys"自动检测工具[67]，它采用随机探测发现或按照结构化方法，模仿用户使用 App 的所有行为[68-69]。但是这种自动检测工具只能产生较小的样本数量和类型，会漏掉一些个人标识信息的样本类型，降低网络个人标识信息提取的准确率[22]。李涛等人[70]结合静态检测方法和动态检测方法提高了面向客户端的检测方法的准确性，有效地弥补了单一维度检测方法的局限性。

2.2.2　面向网络流量的检测方法

面向网络流量的检测方法分为虚拟专用网络(VPN)检测方法和网络流量检测方法。

1. VPN 检测方法

网络中部署的代理服务器等中间设备[71-73]以及所有终端设备产生的网络流量都要先通过虚拟专用网络，由代理服务器接收后转发，通过网络代理的方式对 Android 和 iOS 平台数据包进行分析。VPN 检测方法能够利用获取的证书破解数据加密传输，但需要在网络中增加硬件设备，提高了部署难度，而且在高性能网络中中间硬件设备会增加网络的故障率。同时，该方法在客户端设备上还需要获取更高级别的权限，并安装附加的 App，所以它不适合在网络中大规模部署。此外，VPN 检测方法还普遍使用固定的编码标识特征，或者需要预先了解个人标识信息的先验知识或经验，才能得到准确的检测结果[74]。

2. 网络流量检测方法

网络流量检测方法主要观测用户使用 App 访问网络产生的大规模网络

流量，并从这些流量中分析和抽取个人标识信息。前期使用移动网络[75]、运营商[21]、实验室[4]等多种类型的网络流量进行研究。2009 年，Krishnamurthy 等人研究定义了网络个人标识信息，并做了一系列研究工作[2,4,21,76-78]，利用 OSN 产生的网络流量检测个人标识信息。2013 年，Xia 等人[1]使用个人标识信息标定和划分用户的网络流量，并进一步为用户画像。2016 年，Liu 等人[21] 总结出个人标识信息的特征，提出用 Seed 方法检测个人标识信息。Seed 方法采用正则表达式的规则选取种子，将 8 种网络个人标识信息当作种子进行研究，刻画出用户网络活动行为。同年，ReCon 方法[22]将 HTTP 流量中数据包头的信息分割为特征字段，建立 Domain-Key 键值对，先使用关键词语义方法确定该键值对的属性，然后统计出 Domain-Key 属于个人标识信息的概率，接着利用机器学习的决策树算法建立分类器检测个人标识信息。ReCon 方法还使用 Android 平台嵌入工具，采用"众包"的思想与用户进行交互，利用部分用户的反馈帮助标定个人标识信息，增加检测结果的精确度。其后，Ren 等人还比较了 Web 浏览器访问网络服务产生的流量与 App 访问网络服务产生的流量中含有的个人标识信息[79]，并纵向分析 Android 平台 App 不同版本之间个人标识信息的分布情况[80]。

　　网络流量检测方法能够跨平台检测个人标识信息，不用附加安装或增加任何应用程序、插件、中间件(设备)，能够较容易部署到网络中的任何一个节点。这个节点可以是企业网或园区网络出口、网络运营商的汇聚设备或者 CDN 等应用服务商的边界设备。但是，高性能的网络流量检测方法必须具备可靠的识别准确率，不仅需要在海量的网络流量数据中准确地定位并抽取出个人标识信息，还要克服计算开销较大、计算能力要求较高等多种困难，检测方法的计算性能需要控制在合理的范围内。另外，大规模网络流量检测方法目前只具备处理明文数据的能力，不具备非结构化、加密或者混合的网络个人标识信息的检测能力[81]。

　　综上所述，随着网络带宽传输能力和计算性能的提升，网络流量中个人标识信息的检测也面临着诸多挑战。

2.3　个人标识信息隐私泄露检测方法比较

　　面向客户端的检测方法是一类系统安全方面的检测方法，检测的数据样本为系统终端内 App 产生的数据,检测对象能够对应到客户端的具体 App,但可供检测的样本数量和种类较少;面向网络流量的检测方法是网络协议分析及数据挖掘等方面的检测方法,能够收集到较为全面的数据样本类型,而且数据量较大,其检测对象对应网络服务端的域名。本节将各类方法分为静态检测方法、动态检测方法、网络流量检测方法与 VPN 检测方法,并对这些方法进行比较,不同方法的比较信息如表 2.3 所示。

表 2.3　个人标识信息隐私泄露检测方法的比较

性能指标	静态检测方法	动态检测方法	网络流量检测方法	VPN 检测方法
识别精确度	低	高	中	中
召回率	低	中	高	中
部署难易性	中	低	高	低
跨平台性	中	低	高	中
自动化程度	中	中	高	低
检测性能	高	中	低	中
保护能力	高	高	低	中
破解加密	高	高	低	中

由于各个方法采用的数据集中,样本分布有很大区别,无法采用相同的数据集准确测试和比较不同方法的识别精确度,故表 2.3 中的识别精确度是面向客户端的检测方法和面向网络流量的检测方法的理论推测结果,只是为了更好地展示而放在一起。

另外,从数据样本收集的广度上观测,网络流量检测方法具有收集所有网络流量数据的潜在能力,用户访问网络服务产生的流量可以诠释出用户的网络空间活动,推断出用户的行为特征。面向客户端的检测方法的样本由各网络终端设备上的 App 产生,其部分样本的数量和类型不一定具有代表性,存在一定的局限性。通常情况下网络流量检测方法的数据样本收集数量具有绝对的召回率优势。从召回率的范围观测,动态检测方法具有较高的准确性,但也会漏掉少数暗藏流的检测,而静态检测方法的检测范围损失了较多的动态加载代码检测部分。VPN 检测方法常常由于代理服务器的处理性能瓶颈问题,只能搭建在中小型网络中,不能处理高性能网络流量数据,所以在采样召回率上有所欠缺。网络流量检测方法虽然具有较高的误报率,但由于其数据收集召回率占据的绝对优势,样本的召回率相对其他三种方法还是最高的。

　　静态检测方法和动态检测方法一般需要附加额外的应用、插件等程序，或者需要取得操作系统更高的权限，才能发挥分析应用程序内部源代码与探测系统调用的作用。VPN 检测方法通常既需要增加中间设备作为代理服务器，又需要在终端设备上加载额外的 App 建立 VPN 通道，建立 VPN 通道需要较多的部署工作。由此可见，上述三种方法的部署方式降低了扩展性，而网络流量检测方法不存在扩展性的问题。采用被动探测方式的网络流量检测方法不需要附加额外的软硬件设备，可以根据需要部署到网络中的任何节点上，利用采集到的网络流量数据进行协议分析，然后挖掘出相应的知识，具备较容易的部署方式和良好的扩展性。

　　静态检测方法、动态检测方法和 VPN 检测方法由于要取得数据访问和分析的系统权限，需要开放的系统环境。目前，静态检测方法和动态检测方法主要采用 Android 平台虚拟环境作为实验环境，甚至 VPN 检测方法只能采用 Android 平台作为实验环境。同时，静态检测方法、动态检测方法和 VPN 检测方法都需要先验知识。静态检测方法需要了解申请的权限提升后被获取信息的类型，或者预先确定 API 调用的特征类型。动态检测方法需要预先了解和设置跟踪的"污点"所属的特征类型。例如：申请联系人访问权限必须申请 READ_CONTACTS 和 WRITE_CONTACTS 权限；API 调用联系人信息必须知道系统调用 API 的函数类型；"污点"分析需要根据 API 调用标记出源点。另外，VPN 检测方法也需要预先部署 VPN 通道和代理服务设备。上述三种方法在前期的工作中需要采用人工介入标记先验知识，虽然网络流量检测方法目前采用基于众包思想的人机交互方式提高识别准确率，但这种情况也干扰了整个系统的自动化程度。

　　同时，虽然面向客户端的检测方法和面向网络流量的检测方法的精确度之间不能进行比较，但是整体上可以进行检测性能的比较。静态检测方法由于缺乏检测动态加载代码的能力，与动态检测方法相比准确率较低。另外，在网络流量检测方法中，网络流量会产生海量的数据样本，并且正样本只占有极小的部分，出现较多的误报和漏报(FN)现象，所以大规模网络流量检测方法的性能研究还存在很大的潜力。

　　综上所述：静态检测方法实现简单，具有较高的计算处理性能；动态检测方法需要模拟 App 的运行环境，增加计算开销，检测速度较慢；VPN 检测方法在 App 的运行环境下，还需要附加加密、解密数据包的计算开销；网络流量检测方法需要处理海量的网络流量数据，从网络流量数据中分析和挖掘出个人标识信息，其检测性能受到高性能网络流量采集、海量数据存储和大数据定位抽取算法处理等过程的影响。

此外，面向客户端的检测方法利用访问控制等技术手段，能够有效地防止在系统和 App 内部的隐私信息泄露。VPN 方法是在加密传输过程中检测隐私泄露的主要方法。大规模网络流量检测方法目前还不具备有效破解加密流量和隐私保护的技术能力。

第 3 章

网络流量数据预处理方法

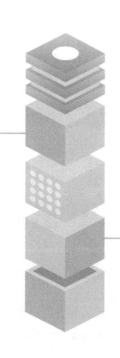

本章主要介绍网络流量数据预处理方法，包括四方面内容：网络流量中个人标识信息隐私泄露检测问题模型、网络流量数据预处理、网络流量数据集基线标定方法及网络流量数据集描述。首先，提出网络流量中个人标识信息隐私泄露检测问题模型，并将其概括为 4W 问题。其次，介绍高性能网络流量采集系统，以及网络流量数据聚合、特征提取、降维、变换和清洗等数据预处理过程。然后，使用网络流量数据集基线标定方法标定数据集。最后，对数据集进行统计描述。本章主要讨论如何为网络流量中个人标识信息隐私泄露检测方法研究做好前期准备工作，保证高质量的数据输入。

3.1　网络流量中个人标识信息隐私泄露检测问题模型

用户访问网络应用服务时，会产生大量的网络流量数据。这些网络流量数据可以较全面地反映用户的网络空间活动，而用户在网络空间的活动与用户行为紧密相关。网络流量中的个人标识信息能够反映出现实空间中人们的社会生活，也可通过其推测出用户的个人隐私信息，存在潜在的隐私泄露风险。网络流量检测方法能够检测网络流量中个人标识信息的整体类型和分布，为隐私泄露风险评估的定量分析提供有力的数据支持。网络流量检测方法需要解决的问题可以简要地概括为 4W(Who-When-Where-What)问题：用户(Who)使用什么网络应用服务程序或访问什么网络应用服务时(When)，在什么位置(Where)泄露了什么类型(What)的信息。

假设在一定周期(T)内，若干用户 User(记作 U)访问不同的服务 Domain(记作 D)，以网络协议 P 传输的网络流量为 S_P，其中可能包含(或者需要检测)的个人标识信息的位置为 Key(记作 K)，所有这些位置上共传输了 m 个信息 Value(记作 V)，每个信息 Value 传输的频率为 Frequency，则网络流量 S_P 可以表示为 5 个维度的样本空间：

$$S_\mathrm{P} = (\mathrm{User, Domain, Key, Value, Frequency}) \tag{3-1}$$

由此可以将大量的网络流量数据通过特征信息选取实现数据降维和数据归约，缩减成一个 5 个维度的数据集，便于计算机的存储和计算。那么，网络流量中个人标识信息隐私泄露检测问题就可以转化为：在其他 4 个维度的作用下识别、抽取或分类数据集中属于个人标识信息属性的信息 Value。

3.2　网络流量数据预处理

从真实环境中采集到的网络流量数据比通常见到的原始数据更杂乱无章 (Dirty)，所以在网络流量中获取的原始数据需要经过更细致的数据预处理。从网络中采集到的原始数据一般伴随着大量的噪声，且包含重复数据、不一致数据和高维度数据，这些干扰数据会影响分析的结果。数据预处理过程通常结合数据清洗、数据变换、数据集成和数据归约等普通数据预处理的方法，对大规模的网络流量原始数据进行清洗和整形等网络数据预处理工作。具体网络数据预处理流程如图 3.1 所示。首先，网络流量采集系统将抓取的网络流量数据包按照五元组形式存入流表；其次，经过数据聚合过程将用户信息与数据包信息关联；然后，利用深度数据包检测(DPI)技术提取数据包应用层的特征信息；最后，进行数据清洗、数据整形等网络流量数据预处理工作。

3.2.1　网络流量数据采集系统

随着网络技术突飞猛进的发展，网络规模日益扩大，网络结构越来越复杂，网络设备和应用程序的数量和种类也日新月异。同时，用户越来越注重访问网络和使用应用程序过程中的感受和体验。这种发展趋势必将导致网络传输速率和带宽的提升。

高性能网络流量监测和数据采集系统能够还原大规模网络流量数据，是网络监测和网络数据分析的基础[82]。网络流量是单位时间内通过网络链路的数据包的总体，是衡量网络负荷和传输性能的基本指标[83]。网络流量监测是统计网络中传输数据包的总数据量及内容。网络流量采集是收集网络 IP 数据报文的过程[84]。传统的运营商与网络管理人员先通过高速探针监测网络流量，再进行协议分析、异常流量分析，从而优化网络结构、系统性能和安全控制。而且通过海量数据分析、数据挖掘等技术进行业务分析、用户行为分析，能够积极主动调整业务结构，提升用户体验和满意度[85]。

然而，面对高带宽的网络环境，网络管理人员在运维和管理方面遇到的困难将明显增多。首先，随着网络链路速率的增长，网络主干链路开始进入

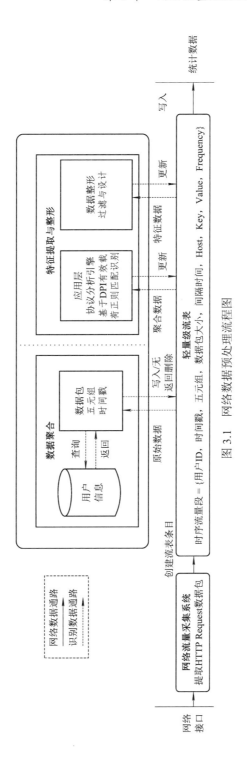

图 3.1 网络数据预处理流程图

10 Gb/s，甚至 40 Gb/s 的时代，基于通用硬件平台设计的传统网络数据采集系统，已经不能适用于高性能链路环境的实际需求，达到全线速采集的目标，且性价比偏低。其次，厂商之间有技术壁垒，多种协议分析和特征信息提取需要开放的接口和格式。最后，在研究工作中实验环境随时会发生变化，系统应该有良好的兼容性和扩展性。因此，在高速率、高带宽的骨干网络传输线路中，抓取正在高速传输的网络数据包，按照要求过滤和筛选网络数据包，以及网络数据存储的速率、容量和格式等方面是研究的基础工作。

1. 网络流量数据采集系统结构

网络流量数据采集系统选取分层结构，从下到上分别是网络流量数据采集层、数据过滤层和存储层，如图 3.2 所示，各层的功能有所不同，且能够独立工作。

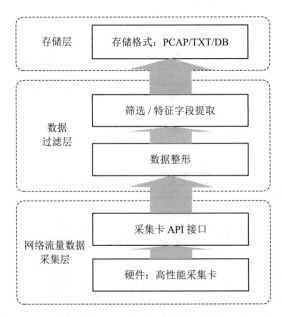

图 3.2   网络流量数据采集系统结构图

网络流量数据采集层需要具备全线速、高可靠地捕获镜像端口传输的网络流量数据的能力。高性能采集卡首先将镜像端口的网络流量抓取到采集卡缓存内，再由系统读取缓存并向上提供数据包捕获 API，最后按照用户要求过滤和筛选有效数据包。

数据过滤层利用网络流量采集卡提供的标准可编程接口，控制采集卡的工作，达到按需求抓取数据包的要求，同时提取有关特征信息，建立流量模型，分析应用程序流量特征，建立用户网络行为画像。

存储层是将收集的网络流量总体或样本存储到磁盘上。在存储过程中，要求存储设备的写入速度达到数据的采集速度，才不会出现数据丢失的现象。在网络流量全线速采集的过程中，一般会将传输的总体网络流量数据保存到计算机的存储系统中。原始流量抓取一般以 PCAP 的文件格式直接保存到磁盘上。另外，也可以先按照需求将属性或特征相同的数据包抓取出来存储，或者直接提取某些特征字段存储，提取的字段可以保存为 TXT 文件，也可以写入数据库(DB)。

2. 网络流量数据采集方法

在不同实验环境中，网络流量数据采集过程可以分为先存后滤和先滤后存两种，它们的区别如表 3.1 所示。

表 3.1　网络流量数据采集过程特点比较

操作方式	采集开销	读写速度	存储空间	数据完整性	处理过程	采集方式
先存后滤	较高	高	大	全部	人工	离线
先滤后存	高	低	小	部分/特征	自动	实时

先存后滤是将网络上传输的数据总体抓取下来直接存储，后期从存储器内读取数据并用程序语言进行离线过滤和分析。这种方法的优点是能存储数据总体，方便进行多方面的研究工作；缺点是数据总体存储空间要求大，存储读写速度要求高。这种方法适用于离线研究分析工作。

先滤后存是将根据需求抓取属性或类型相同的数据或者数据中各种特征信息字段存储起来，抓取的可能是部分子流，也可能是一个或多个特征字符串。这种方法的优点是存储空间相对较小，存储的读写速度要求也较小，但增加了数据采集的开销，需要边采集边过滤。这种方法的目的性较强，能够在线实时地、自动地完成一系列固定的操作，适用于设计成熟的流量监控。

先存后滤方法适用于研究工作，先滤后存方法适用于系统部署，可以根据不同的环境和需求进行选择。

3. 网络流量数据采集系统硬件架构

按照上述的分层系统结构理论，网络设备在镜像端口点对点连接系统硬件设备。硬件设备由一台搭载 PCI-E 接口万兆网络流量数据采集卡和磁盘存储阵列的服务器构成，如图 3.3 所示。网络流量采集方式多样，通常通过分光器或者网络节点设备的信息流复制能力获取原始数据的副本，这样并不影响源数据的传输[86]。在网络路由、交换设备上配置镜像端口的过程中还要根据网络设备的性能进行参数设置。实验证明，端口的转发量在网络设备背板带宽的 35%～40%范围较为合理。也就是说，源端口和镜像端口的数据转发量之和最高可达网络设备总交换能力的 70%～80%。网络设备的数据交换量在这个范围内，证明设备已达到满负荷运转。

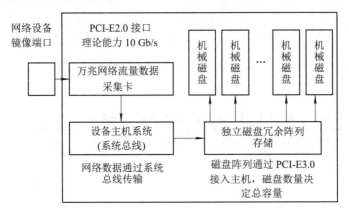

图 3.3　高性能网络流量采集系统硬件架构图

万兆网络流量数据采集卡在被动模式下进行高速数据包捕获，包括 64 B 在内的多种包长的数据包都可以做到 10 Gb/s 线速捕获。异构多核处理解决方案使标准 API 接口能够使用高端设计，X86 架构能使系统的性价比更高，如：支持 100 Mb/s、1 Gb/s、10 Gb/s、40 Gb/s 理论接口速率，最高采集速率达到 18 Gb/s；支持标准 LibPCAP[87] API 接口和高性能 PCD API 接口，能进行实时精确的数据统计和协议分析，方便用户的使用，减少了应用程序的移植工作量；支持 Linux2.6 内核以上和 Windows 操作系统。

主机系统搭载 Linux 操作系统，连接网络存储设备等，可提供不少于 24 个 PCI-E2.0 和 4 个 PCI-E3.0 接口。此外，系统另外配置千兆网卡，主机系统配置不少于 32 GB 的内存。万兆网络流量数据采集卡以及磁盘存储阵列卡均通过 PCI-E3.0×8 接口接入主板，通过总线传输数据，总线带宽传输速率大于采集带宽传输速率。

综合考虑存储速率、存储容量、机箱可用空间等各方面条件，万兆网络存储系统采用 10 块机械磁盘组成的独立磁盘冗余阵列(RAID)存储结构,满足实验数据峰值 8 Gb/s 左右的写入速度,如图 3.4 所示。同时,单块磁盘采用 4 TB 机械磁盘,使用 10 块磁盘组成 40 TB 的 RAID 存储。根据现有出口带宽 1 Gb/s 的速度计算,RAID 具有 18~24 h 的存储能力。高性能 IP 网络流量数据采集系统采用分层结构搭建。该系统由北京理工大学计算机学院高性能网络技术实验室研发,能够达到从高性能万兆网络主干中抓取数据包的性能指标,解决了目前研究中实际存在的、适用于科学研究和实验的系统。

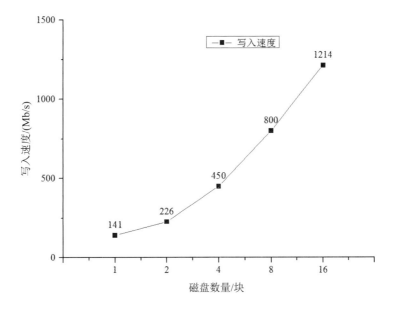

图 3.4 RAID 存储速率图

3.2.2 网络流量数据聚合

假设个人标识信息存在于采用 HTTP 传输的数据包中,本节以 HTTP 请求数据包为例,按照 HTTP 格式提取出原始数据。根据 HTTP 的标准格式,利用正则表达式提取数据包中的时间戳、五元组[88]信息以及数据包应用层的信息。同时,在网络认证系统数据库中,保存着用户账户、五元组信息及用户访问网络的登录和离线时间等用户信息。根据原始数据的时间戳和五元组信息,原始数据从网络认证系统数据库中查询到用户信息,将用户信息和原始信息相关联,并增加用户 ID 维度,组成集成数据。网络流量数据聚合流程如图

3.5 所示。

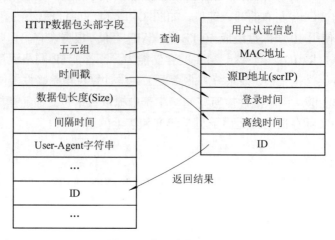

图 3.5　数据聚合流程图

3.2.3　网络流量数据特征提取

在数据集成中,利用正则表达式将每个数据包应用层中 Host 字段和 GET 字段的特征信息分别提取出来，其中 URI 字段又被分割成键值对[89]，并作为特征数据。HTTP 请求数据包如图 3.6 所示。

```
Hypertext Transfer Protocol

GET /
        commdatav2?cmd=51&app_version_name=6.5.3&app_version_build=0&so_name=p2p&
        so_ver=V0.0.0.0&app_id=248&sdk_version=V4.1.248.1730&imei=868129022933673&i
        msi=460023918121329&mac=ec:df:3a:f3:50:66&numofcpucore=8&cpufreq=1363&cpua
Host: mcgi.v.qq.com\r\n
User-Agent: Apache-HttpClient/UNAVAILABLE (java 1.4)\r\n
\r\n
Full request URI : http://mcgi.v.qq.com/
commdatav2?cmd=51&app_version_name=6.5.3&app_version_build=0&so_name=p2p&so_v
er=V0.0.0.0&app_id=248&sdk_version=V4.1.248.1730&imei=868129022933673&imsi=460
023918121329&mac=ec:df:3a:f3:50:6
HTTP request 1/1
```

图 3.6　HTTP 请求数据包示意图

HTTP 请求数据包中 Host 字段的值作为 Domain 字段。HTTP 请求数据包

URI 属性中的 GET 字段按照下列规则进行分割：

(1) 使用字符"?"将 URI 字段分割成前后两个部分，前面的部分是访问路径部分，后面的部分是查询参数部分。若不存在字符"?"，则忽略该数据。

(2) 使用字符"&"将参数部分分割成若干个 Key-Value 键值对。若不存在字符"?"，则直接将参数部分作为唯一的 Key-Value 键值对。

(3) 使用字符"="将 Key-Value 键值对中的 Key 与 Value 分开。若不存在字符"="，则忽略该数据。

上述过程可提取出应用层特征信息，每个 Key-Value 键值对都会产生一条数据条目。因此，在特征数据中数据条目的数量由产生的 Key-Value 键值对的数量确定。例如，图 3.6 显示的数据包按照规则提取出 13 个 Key-Value 键值对，产生 13 个数据条目，如表 3.2 所示，所有数据条目的集合形成原始数据集。获取流量中的字段程序代码参见附录 1.1，提取 Domain 字段中的 Key-Value 键值对程序代码参见附录 1 中的相关程序代码。

表 3.2　HTTP 数据包特征提取结果

Host	Key	Value
mcgi.v.qq.com	cmd	51
mcgi.v.qq.com	app_version_name	6.5.3
mcgi.v.qq.com	app_version_build	0
mcgi.v.qq.com	so_name	p2p
mcgi.v.qq.com	so_ver	V0.0.0.0
mcgi.v.qq.com	app_id	248
mcgi.v.qq.com	sdk_version	V4.1.248.1730
mcgi.v.qq.com	imei	868129022933673
mcgi.v.qq.com	imsi	460023918121329
mcgi.v.qq.com	mac	ec:df:3a:f3:50:66
mcgi.v.qq.com	numofcpucore	8
mcgi.v.qq.com	cpufreq	1363
mcgi.v.qq.com	null	cpua

3.2.4　网络流量数据降维

根据本节提出的网络流量数据采集系统，通过特征信息选取对原始数据进行降维和归约，并采用 5 个维度的数据表示原始数据集，将数据降维问题转化为在其他 4 个维度的作用下，从数据集中识别、抽取出属于个人标识信息的 Value 值或对其进行分类。本节以 HTTP 请求数据包为例，数据集可以表示为 $S_P = (User, Domain, Key, Value, Frequency)$，其中各个维度的值可以映射到特征信息中的各个值。根据本节的内容需求，完成原始网络数据降维和数据归约处理，具体映射关系：用户 User 由 ID + MAC 表示，记作 U；访问的服务域 Domain 由 Host 字段信息表示，记作 D；而 Key 和 Value 分别由 Key-Value 键值对中提取出的 Key 和 Value 字段信息表示，分别记作 K 和 V。由此，原始数据集被处理后从高维度的数据降到由 U、D、K、V 组成的 4 个维度的信息。

3.2.5　网络流量数据变换

网络中终端、传输链路以及服务端等方面存在各种问题，可能导致带宽降低、延迟和丢包率增大，这会直接影响网络服务质量(QoS)，使采集到的原始数据全部或部分丢失，或者出现反复重传数据、字符串编码不一致等情况，最终在采集的原始数据集中形成干扰数据。因此，应在数据预处理中使用数据变换和数据清洗尽可能完全地清洗掉原始数据中存在的各类干扰数据。

在数据预处理的过程中，需要利用 URL 字符集对编码字符进行解码(Decode)，从而将具有相同本质的字符串变换为相同的形式，保持数据的一致性。根据 HTTP 向服务端传输参数的过程中，为了避免引起解析程序的歧义，需要对容易引起歧义的字符进行编码。RFC3986 网络标准详细建议了统一资源标识中哪些字符需要编码才不会引起 URL 语义的转变，并对这些字符需要编码的原因作了相应的解释。RFC3986 网络标准规定 URL 中只允许包含普通英文字母(a～z，A～Z)、数字(0～9)、4 个特殊字符(-、_、.、~)及所有保留字符。保留字符包括用于分隔组件、协议、主机、路径等不同信息的字符(!、*、'、()、;、:、@、&、=、+、$、,、/、?、#、[])。例如，":"用于分隔协议与主机，"/"用于分隔主机和路径，"?"用于分隔路径和查询参数，"="用于分隔查询参数中的键值对，"&"用于若干个键值对中间，等等。当传输内容包含这些特殊字符时，需要采用 URL 编码对字符进行编码和转译(Encode)。同时，其他一些字符也需要进行编码，避免解析过程中产生歧义，例如，空格、引号以及"<"">""%"，表示书签或者锚点的"#"，不包括在 US-ASCII 字符集中的打印字符、网关或代理容易篡改的字符"{}、|、\、[]、'、~"，以及其他一

些不安全字符。此外，非 ASCII 字符需要使用 ASCII 超字符集进行编码，而 Unicode 需要先使用 UTF-8 编码对这些字符进行编码后得到相应的字节，然后再进行 URL 编码。此外，数据中所有字符串的大写字母都要被转换为小写字母。

3.2.6　网络流量数据清洗

原始数据的噪声会阻碍数据分析过程，干扰后期建立的模型指向正确的结果，所以原始数据需要进行清洗操作。即使传输的信息都是准确的，也没有人为干预或混淆，在网络流量中采集到的原始数据还是有很多噪声。其产生的原因较多。首先，网络终端无法采集到设备上相应的参数信息，终端设备通常会向服务端发送一个全局缺省值或者空值作为传输的参数信息；其次，网络链路传输中的拥塞、队列缓存等情况都可能导致网络延迟，数据包丢失或重传，参数信息的丢失和数据残缺，以及参数信息重复；最后，相同服务被多次访问也会造成相同的参数信息多次被网络终端发送，导致采集到的原始数据中有大量重复的数据条目。此外，人工输入的错误信息也会成为干扰数据，降低数据分析结果的准确性。同时，一些软件开发者在定义程序变量时没有制定严格的命名标准，随意地命名变量导致相同对象的属性使用了若干不同类型的表达名称。数据清洗中应尽可能地过滤掉上述噪声，其过程可以概括为以下几方面：

(1) 过滤掉各维度数据中只包含空值、空格、缺省值或默认值的条目。因为各维度数据中存在的空值或空格并不具有实际意义，并且缺省值也不能表示对象的真实属性，所以过滤掉包含这些值的条目不会干扰数据的完整性。表 3.3 展示了几类比较典型的缺省值，其中有一类缺省值通常用数字"0"或"1"替代普通值中的数字和字母，并保持原始值的形式不变。这类缺省值中比较典型的有 MAC 地址的缺省值 000000000000、00:00:00:00:00:00 或 00-00-00-1-1-1，国际移动设备识别码(IMEI)的缺省值 000000000000000 或 1111111111111111，以及经纬度的缺省值 0.000000 等。有一类缺省值使用固定的词组或字符串表示，例如 defind、default、undefaued、1234567890 等。还有一类缺省值采用特殊的字符串标记部分特征范围和特殊属性的值，比如 iOS 7.0 版本的系统和 Android 6.0 版本的系统为了提高用户的个人信息保护等级，会更加严格地管控硬件信息。在 App 获取 MAC 地址时会使用固定的 MAC 地址 02:00:00:00:00:00 作为返回值，而不是返回真实的 MAC 地址，详细程序代码参见附录 1 中的相关程序代码。

表 3.3　典型噪声数据表

字符串规则	信　息	类　型
空值或者空格	—	缺省值
以 http:// 开头	http://www.google.com/	URL
汉字编码	%e5%8c%97%e4%ba%ac	URL 编码
全 0 或全 1	000000000000	MAC 地址
全 0 或全 1	00:00:00:00:00:00	MAC 地址
全 0 或全 1	00%3A00%3A00%3A00%3A00%3A00d	MAC 地址
全 0 或全 1	0.000000	定位信息的默认值
全 0 或全 1	00000000-0000-0000-000000000000	IDFE
错误	Default，Undefaued	默认值
错误	Defined，1234567890	默认值
特殊含义(固定值)	020000000000	MAC 地址(iOS)
特殊含义(固定值)	02:00:00:00:00:00	MAC 地址(iOS)
特殊含义(固定值)	9774d56d682e549c	始终显示在 Android 系统的 ID

(2) 过滤掉包含不符合规则的值或不在取值范围内的值。数据中各个维度的值部分具有严格的格式,格式规则可以将干扰数据过滤掉。由于数据中 User 维度由 ID + MAC 地址的字符串表示(参见 3.2.2 节),因此 ID 和 MAC 地址的命名规则可被用来当作去噪的过滤条件。数据中 ID 维度的值取自网络认证数据库并被集成至数据集,此处的用户 ID 是用来入网认证的账号,它采用 13 位纯数字字符串编码表示唯一的用户,而 MAC 地址是用来定义网络设备的位置,它采用十六进制表示,共 6 B(48 位)。通过 ID 与 MAC 地址的命名规则可以过滤掉 User 维度中不符合规则的干扰值。例如,域名或 IP 地址中以字符 “.” 开始或结尾的字符串。这里涉及的详细程序代码参见附录 1 中相关的程序代码。

另外,数据中 Domain 维度的值,取自数据包应用层提取的特征 HOST 字段,其形式一般有两种:域名与 IP 地址(+端口号)。由于采集、传输和存储过程中有噪声的产生,会造成信息残缺且不符合命名规则。如果有命名不符合域名或 IP 地址命名的, 可将包含这些值的数据丢弃掉。同时, 完整的域名主要集中在三级域名、四级域名和五级域名内, 它们总共占全部域名的96.82%, 占比分别为 45.42%、43.62%和 7.78%, 如图 3.7 所示。因此可以用这些样本作为全体数据的代表, 将其余域名忽略, 同时忽略不符合域名规则的噪声。

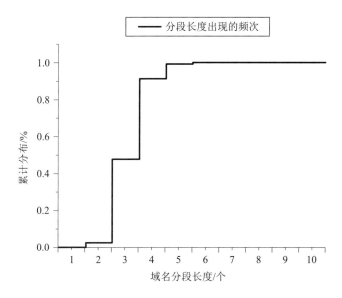

图 3.7 域名分段长度累计分布图

此外, 时间戳的取值范围应该在采集时段内, 而且由于最大传输单元(MTU)的限制, 数据包的长度也应该在 64～1500 B 范围内。

(3) 在数据 Value 字段中过滤掉不具备语义的值。为了降低与其他字符串重复产生歧义的概率, 对象在命名时一般要求字符串长度最少为 6 B。例如, 在注册用户 ID 时, 为了避免与其他用户 ID 相同, 通常要求其命名的用户 ID 的字符串最小长度为 6 B。经过后期对标定数据集的数据分析发现, 个人标识信息的字符串长度范围也符合这个规律。因此, 在信息 Value 的值中, 应清洗过滤掉字符串长度小于 6 B 的值, 实际上小于 6 B 的值大多并不具有明确的意义。

(4) 残缺数据整形。原始数据中含有一些残缺信息, 它们的字符串长度不同, 且呈现出阶梯状分布, 但符合规则且含义明确。残缺数据的形成主要有两个原因: 一方面是由于数据包丢失形成残缺数据, 但其中部分残缺数据符合命名规则，也能够代表对象的属性；另一方面是由于软件开发者没有制定严格的命名标准，在同源软件或版本不同的软件内，开发者随意命名变量和参数格式，使得传递参数的内容或格式存在差异，如字符串长度存在差异。数据整形使用字符串最长匹配算法重新塑形字符串。字符串最长匹配算法的原理是，在其他维度相同的范围内，挑选最完整(长度最大)的字符串代替其他字符串，保证相同属性数据的形式具有一致性，达到整形残缺数据的目的。

(5) 数据统计去重。由于网络上存在相同请求的数据包和重传的数据包，同时经过上述的数据预处理过程，原始数据中还存在大量的重复数据，它们在全部维度上的值是相同的字符串。数据预处理将原始数据中所有重复数据统计计数，得出该重复数据出现的频率。

由以上过程可知，网络流量数据历经网络流量数据采集、数据聚合、特征提取、数据降维、数据变换及数据清洗等数据预处理过程，被成功转化为由 5 个维度 $\{U, D, K, V, F\}$ 表示的数据集。其间，数据预处理的各个过程并不是顺序关系，而是根据实际需求交替使用，从而有效提升数据质量。同时，上述预处理过程只是针对原始数据的初步处理。在后续工作中可以按照各模型的实际需求采用不同的数据预处理方法。

3.3 网络流量数据集基线标定方法

本节提出了网络流量数据集基线标定方法以帮助标定数据集，然后使用人工标定方法检验基线标定方法的正确性。

基线标定方法结合正则表达式匹配方法、关键词语义方法和词典方法[22]，根据不同的字符串结构和形式采用不同的(混合)方法发现字符串代表的对象属性。按照个人标识信息的结构和形式，可以将其分为两种：规则字符串和无规则字符串。本节将个人标识信息分为四个种类(见 2.1.3 节)，其中机器识别信息中的所有个人标识信息 IMEI、IDFA、MAC 地址、Phone Number、E-mail、位置等都具有严格的结构和形式，可以使用正则表达式匹配这些命名规则。

其他没有命名规则的个人标识信息是无法使用正则表达式匹配的，因此这些无规则字符串的信息可以统一采用关键词语义方法与词典方法提取。比如，姓名可以使用词典形式建立姓名词典列表。此外，还可以采用混合方法更为精准地提取另一些个人标识信息，比如 GPS 的经纬度数据可以采用混合关键词语义方法与正则表达式匹配方法得到更为精准的结果。关键词语义方法可判断 Domain-Key 中是否包含个人标识信息。它利用对键值对中 Key 值的语义判断该键值对中 Value 值代表的属性。例如，如果数据条目 Key 维度的值为"E-mail"，则基线方法根据"E-mail"的语义将所有 Key 值为"E-mail"的 Value 值判定为邮箱地址。然而，这种方法更像是根据个人的直觉和经验进行判别的方法，故其结果中可能会出现大量的漏报或假阴性和误报或假阳性，这是由没有采用统一的命名标准所导致的。正是由于没有统一的命名标准，开发者并不总是根据数据属性的语义命名变量，往往是按照自编的规则命名变量，也不排除为了保护用户的信息混淆视听或者随个人喜好故意随意命名变量，结果导致大量漏报。另外，相同的 Key 值也会产生歧义，有可能代表不同对象的不同属性，从而导致少量的误报。例如，Key 值"Phone"可能表示的是手机号码，也可能表示的是 IMEI。因此，基本方法需要加入一些其他的规则改进。表 3.4 详细给出了基线标定方法提取四个种类个人标识信息的具体方法和规则。同时，为了保证数据集标定的准确性，人工标定方法也被用来检验基本标定方法结果的正确性。

表 3.4　数据集基线标定方法规则

分　类	类　型	规则(k-s:key-semantics；reg:regular expression；lex：lexicon)
用户标识信息	User Name/id, Nick Name, and Lex；Name-Lexicon	k-s: substr. of user name/id,nick, login, or equal to "id" or "name"
	Password	k-s: substr. of password, or equal to "pwd"
	E-mail	reg:^[- _\w\.]{0,64}@{1}([-\w]{1,63}\.)*[-\w]{1,63}$
机器标识信息	IMEI	reg: value.length =15 and value.isdigit()
	MAC Address	reg: ^([0-9a-fA-F]{2})?[-:]([0-9a-fA-F]{2}){5}$'
	IDFA	reg:^([0-9a-fA-F]{8}((-[0-9a-fA-F]{4}){3})-[0-9a-fA-F]{12}$
联系信息	Phone Number	reg:^1[3458]\d{9}$)
位置信息	GPS	reg:^-?((0|1?[0-7]?[0-9]?)(([.][0-9]1,6)?)|180(([.][0]1,6)?))$
	Latitude and Longitude	and k-s: substr. of lng, loc, long, loc, or equal to "x" or　"y"

3.4 网络流量数据集描述

本节以 HTTP 为例，采用 3.2.1 节介绍的高性能实时网络流量数据采集系统捕捉 HTTP 请求数据包作为原始实验数据，实验数据经过处理后，采用基线标定方法与人工标定方法进行数据集的标定。

本节研究的网络流量数据来自国内某高校校园网边界路由器的网络接口。该校园网络主干线路万兆互联，日常平均在线人数为 13 000 人左右。实验数据来自真实的网络流量，流量采集自某高校校园网络出口路由器的镜像端口。网络流量的采集时间从 2016 年 11 月 7 日至 13 日，共计 7 天，总共抓取了 389 222 281 个数据包，经过特征提取得知 10 391 个用户访问了 48 063 个服务，其中在 647 432 个位置上传输了 60 171 632 个信息。特征提取得到的数据集被命名为 ISP 数据集。另外，取出 ISP 数据集第一天的数据，即 2016 年 11 月 7 日的数据，作为另外一个数据集 ONE-DAY。ONE-DAY 数据集共抓取 50 342 021 个数据包，经过特征提取得到 5638 个用户访问了 22 304 个服务，并在 251 492 个位置传输 10 260 617 个信息，如表 3.5 所示。

表 3.5 网络流量数据集描述

名称	采集时间	数据包数量	User	Domain	Key	Value
ISP	2016.11.7 至 2016.11.13	389 222 281	10 391	48 063	647 432	60 171 632
ONE-DAY	2016.11.7	50 342 021	5638	22 304	251 492	10 260 617

以天(24 h)作为典型周期，将数据集分割为 7 个周期进行研究。用户在每个周期的单位时间内(每秒)产生访问的频率如图 3.8 所示。该图形整体的形状与余弦曲线相似，期间存在 1 个波谷和 2 个波峰。波谷出现在当天的 4～5 时(14 400～21 600 s)之间，而 2 个波峰分别出现在 12～14 时(43 200～50 400 s)之间和 22～24 时(79 200～86 400 s)之间。参考学校的作息时间安排和规律，用户的日常主要活动时间在 6～23 时之间，期间用户的网络活跃程度呈现上升趋势，午休与晚睡前的时间为用户的课余休息时间，用户在这两个时间段的网络访问行为最为活跃；用户睡眠时间主要在当天 23 时至第二天 6 时之间，期间用户的网络活跃程度急剧下降，在第二天 4 时左右逐渐到达用户活跃度的最小值。该数据集描述的网络用户活跃度分布符合用户作息时间规律。因此，该数据集可以完全正确地反映用户的网络行为特征。

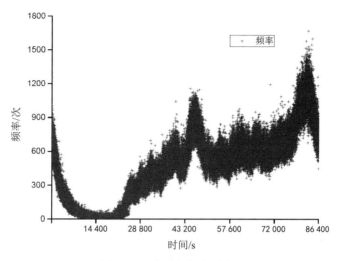

图 3.8　用户访问频率时序图

　　用户独立访问的频率可以表示为单独用户 ID 访问的频率。数据集中用户 ID 访问频率排名前 20 的分布如图 3.9 所示,前 5 个用户的访问频率明显高于其他用户的访问频率,而其他用户的访问频率趋势较为平滑。这说明排名前 5 的用户活跃度明显高于其他用户,其原因可能是用户每天在线的时间较长,或者单位时间内访问的频率高于正常用户的访问频率。

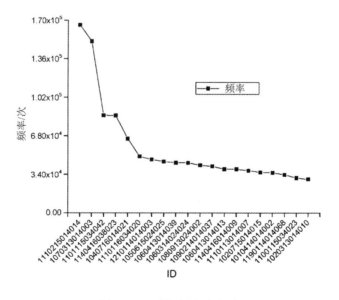

图 3.9　ID 访问频率分布图

　　用户所在位置的访问频率可以表示为 IP 地址段访问频率。在网络规划中，IP 地址的划分通常按照现实区域内连接终端的实际需求数量分配相应的 IP 地址段。因此，IP 地址段经常被网络管理人员用来关联实际现实区域。数据集中排名前 20 的 IP 地址段如图 3.10 所示，可以发现，各区域访问频率较为平滑。IP 地址段关联实际区域后发现，宿舍区域的访问频率最高，也侧面证明了学生用户在休息时间主要在宿舍区域访问网络。最后，统计了数据集中网络应用服务被访问的频率。数据集中域名字段的 URL 值被裁剪为三级域名，并将这三级域名进行反序整合。例如，域名“mcgi.v.qq.com”与“mb.v.qq.com”两个近似的域名，先被裁剪为“v.qq.com”，然后再反序变化为“com.qq.v”，最后两个近似的域名“mcgi.v.qq.com”与“mb.v.qq.com”合并为一个域名“com.qq.v”。另外，IPv4 地址可以先去掉端口号，然后按照 C 类地址的网络号整合起来。例如，“120.192.250.183:8080”和“120.192.250.183”两个地址，最后可以整合成一个 C 类地址的网络号“120.192.250”。这种做法可以将相同的网络服务聚合起来，更方便数据的分析和观测。数据集中排名前 20 的网络应用服务访问的频率分布如图 3.11 所示，访问频率排名前列的主要是社交软件、身份认证、视频和数据分析等网络应用服务。

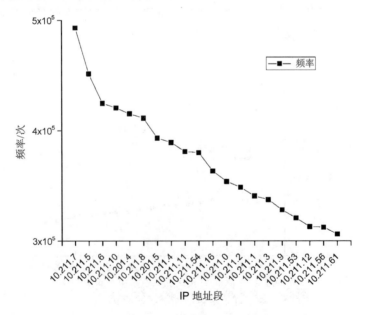

图 3.10　IP 地址段访问频率分布图

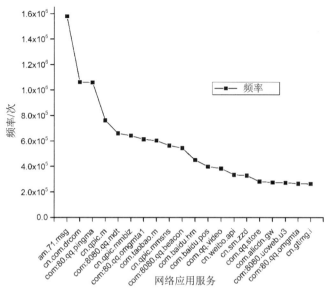

图 3.11　网络应用服务被访问频率分布图

　　本章主要介绍了问题模型、网络流量数据采集、网络流量数据预处理、网络流量数据集基线标定方法及数据集描述内容。问题模型将网络流量数据中个人标识信息隐私泄露检测问题概括为 4W 问题。网络流量数据采集介绍了网络流量数据包收集的系统架构。网络流量数据预处理工作将网络流量转化为数据集，并进行数据清洗、数据集成、数据变换等工作。网络流量数据集基线标定方法综合目前使用的正则表达式匹配方法、关键词语义方法和词典方法等标定数据集。网络流量数据集描述介绍了本章实验使用的两个数据集及其简单的统计描述。本章主要是为网络流量数据中个人标识信息隐私泄露检测方法的研究做好前期准备，保证高质量的数据输入。

第 4 章

基于用户行为规则的个人

标识信息识别方法

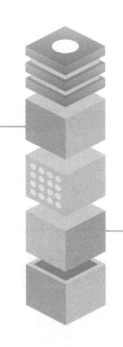

从本章开始介绍网络流量数据中个人标识信息隐私泄露检测的方法。本章提出了基于用户行为规则的个人标识信息识别方法。该方法首先从网络流量数据中提取特征信息，构建用户行为模型，然后按照个人标识信息的三个性质建立识别模型。实验验证结果表明，基于用户行为规则的个人标识信息识别方法能够清晰地界定个人标识信息的概念，提供技术层面上的处理方法，以应对个人标识信息的多样性和时效性。

4.1　基于用户行为规则的个人标识信息识别方法的基本思想与动机

最初研究工作中，研究人员通常会从网络运营商及管理人员的角度出发，主要从网络行为审计数据中得到更丰富的类型和粒度更细的信息。网络运营商和管理人员希望了解用户个体与其相关的个人标识信息之间的映射关系，为市场运营部门和信息安全部门提供准确的信息。但是，网络安全日志的形式是用户与访问 URL 之间的对应关系，这种粗粒度的信息内容通常不能满足相关部门的需求。因此，研究工作需要从大规模的网络流量数据中寻找粒度更细的个人标识信息，以解决精细化管理与精准定位追踪的问题。

面对海量的数据，首先需要研究个人标识信息的多样性，准确地定义个人标识信息的概念，考虑这些数据中有哪些类型的个人标识信息。然而，个人标识信息的概念定义不清晰是网络流量数据中个人标识信息隐私泄露检测研究面临的问题和挑战之一。目前个人标识信息的概念主要是法律层面上的定性描述，缺乏技术层面上的定量分析和理论边界界定。同时，由于网络应用服务层出不穷，以及网络终端设备良好的兼容性和扩展性，个人标识信息产生的方式各不相同。此外，用户的个人标识信息的种类不断更新，旧的个人标识信息可能消退为普通信息或者消失，新出现的个人标识信息命名规则又不能被及时发现，而且目前个人标识信息种类数量过于庞大，很难为每一个种类制定合适的规则，这为隐私泄露检测方法的研究带来了困难。因此，需要找出个人标识信息的本质，提出一种有效的方法用于研究个人标识信息的多样性，并从技术层面界定其理论边界，从海量网络流量数据中尽可能发现多种类型的个人标识信息，应对海量网络流量数据中个人标识信息多样性和时效性的挑战。

本章提出了一种在海量网络流量数据中自动找到个人标识信息的通用方法，而且这种"朴素的"方法同时具有广泛的兼容性。之所以用"朴素的"形容此方法，是因为此方法的基本思想源自个人标识信息的定义和性质。2.1.3节中已指出个人标识信息可以被解释为是区分对象(用户)的一个或一组特征信息，由此总结出个人标识信息应具有下列三个基本性质：

(1) 唯一性。相同对象(独立用户)访问相同服务时，在相同位置传递的个人标识信息具有唯一性和显著性。例如，相同的用户向网络应用服务提交身份证号码时，身份证号码是唯一的。

(2) 相异性。不同对象访问相同服务时，在相同位置传递的个人标识信息具有相异性。例如，不同的用户向网络应用服务提交的身份证号码必然不同。

(3) 可解释性。个人标识信息代表对象的某一特征应具有明确的意义[90]。例如，18 位的数字类型字符串有可能被解释为身份证号码。

4.2　基于用户行为规则的个人标识信息识别方法的描述

根据个人标识信息的性质和用户行为模型，本节提出了一种基于用户行为规则的个人标识信息识别方法。此方法的处理过程分为数据预处理、用户行为建模、用户行为规则算法、校验和扩散五个步骤，具体数据流程如图 4.1所示。

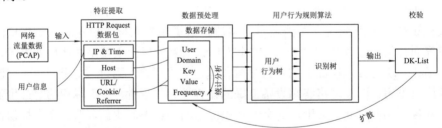

图 4.1　基于用户行为规则的个人标识信息识别方法的数据流程图

4.2.1　数据预处理

本节首先抓取 HTTP Request 数据包作为网络流量数据，然后通过网络流量数据分析提取数据包头部字段作为特征信息，最后通过数据预处理将网络流量数据转化为数据集。具体过程参见 3.2 节。由此，网络流量数据被转化成一个 5 个维度的数据集 $S_{\text{HTTP}} = \{U, D, K, V, F\}$。

4.2.2　用户行为建模

下面将按照 3.1 节提出的问题模型，对用户访问网络的行为建立用户行为模型。

首先将问题模型中的 5 个维度分别映射到数据集中的各个维度。

这里将用户、服务、位置与传输信息之间的行为关系表示为树形结构，并定义为用户行为树。假设用户访问相同服务，则在相同位置传输的信息具有相同或相似的用户属性。用户行为树将服务-位置 Domain-Key(记作 DK)作为根，用户 U 作为第一层的孩子节点，信息 V 作为第二层的孩子节点，而频率 F 作为叶子节点。

假设在 T 时间内，有 m 位用户访问服务-位置 DK_m 传输的 n 个信息，那么在相同的 DK 内，用户行为树可以按照树的深度划分为三层：User 层、Value 层和 Frequency 层，如图 4.2 所示。

然后，结合用户行为树，将前面提出的个人标识信息的三个性质(参见 4.1 节)转化为以下三个用户行为：

(1) 唯一性。当同一对象或独立用户访问相同服务时，相同位置传输的个人标识信息具有唯一性。结合用户行为树，唯一性可以表示为：在以任意 DK 为根的树内，任意孩子节点 U 有且只有一个子树，而且子树的每层只有一个节点，即以 DK 为根的子树可以看作一个线性列表 U-V-F。

(2) 相异性。不同对象或不同用户访问相同的 DK 时，其中传输的个人标识信息具有相异性。结合用户行为树，相异性可以表示为：在以任意 DK 为根的树内，不同 U 子树内的信息 V 节点不相同，即若 $U_i \neq U_j$，则有 $V_i \neq V_j$。

(3) 可解释性。个人标识信息有具体的含义，且属于对象或单独用户的某一类型属性。结合用户行为树，可解释性可表示为：在相同的 DK 内，传输的信息 V 具有相同的属性类型。

由此，按照个人标识信息的性质建立了用户行为树模型，如图 4.2 所示。

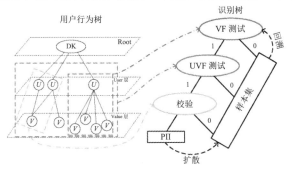

图 4.2　用户行为树与识别树的映射图

用户行为树以 DK 为根，用户 U 为孩子节点，信息 V 为叶子节点，每个叶子结点对应一个频率 F。若 DK 中传输的信息 V 是个人标识信息，即 $V = PII$，则 DK 树的每个子树的各层有且只有一个节点，该子树类似一个线性列表 $U\text{-}V\text{-}F$。

4.2.3   用户行为规则算法

下面将用数学模型归纳个人标识信息的用户行为规则，并设计适合计算机的用户行为规则算法(TPII 算法)。用户行为规则算法利用数学表达式作为识别树(Identification Tree)模型中的检测条件从数据集中识别个人标识信息，如图 4.2 所示。识别树模型首先使用表达式 1 进行 VF 测试，验证信息是否符合唯一性；然后，使用表达式 2 进行 UVF 测试。如果 DK 树通过了 VF 测试和 UVF 测试，则表明验证信息符合相异性。在数学表达式中添加的两个阈值 α 和 β 用来权衡计算精度和开销之间的关系。

假设在 T 周期内，以 DK 为根的用户行为树中，子树的数量为 m，子树的根 U 节点记作 U_m。U 有 n 个孩子节点，记作 V_n，则该子树也拥有 n 个叶子节点，记作 F_n，如图 4.3 所示。结合前面的知识规则归纳出以下数学表达式。

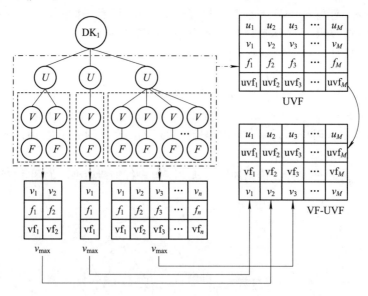

图 4.3   用户行为树数据结构图

表达式 1   将个人标识信息的唯一性转化为数学表达式。
首先，根据 4.2.2 中个人标识信息的唯一性知识规则，确定每个 DK-U-VF

树 Value 层节点的分布情况。

为了统计这个分布情况，建立分段函数：

$$\mathrm{VF}(f,n)=\begin{cases}0, & n>1\\0, & n=1\text{且}f=1, \quad f,n\in\mathbf{N}^+\\1, & n=1\text{且}f>1\end{cases} \tag{4.1}$$

当 $n>1$ 时，U 的孩子节点数量不具有唯一性，函数 VF = 0；当 $n=1$ 且 $f=1$ 时，U 的孩子节点的数量也不具有唯一性；当 $n=1$ 且 $f>1$ 时，该子树代表的样本不具备频繁性，显著性较低，所以令 VF = 0 剪除掉该子树。

其次，整个用户行为树可以表示成一个集合：

$$\mathrm{SVF}=\{\mathrm{vf}_1,\mathrm{vf}_2,\cdots,\mathrm{vf}_M,\}, \quad \mathrm{vf}_M=0 \text{ 或 } 1 \tag{4.2}$$

其中，元素 vf 的值由式(4.1)计算得到。每个 U 子树的孩子都会产生一个 vf 值，而整个集合的元素由 0 或 1 组成，元素的个数与 U 子树的数量 M 相等。

然后，假设 DK 树传输的是个人标识信息，则按照唯一性的内涵，每个 U 子树都应该有唯一的孩子 V。那么，集合 SVF 中所有元素 vf 的值应该均为 1，即

$$P(\mathrm{SVF}\,|\,\mathrm{vf}_M=1)=\frac{\displaystyle\sum_1^M \mathrm{SVF}(\mathrm{vf}_M=1)}{M}=1 \tag{4.3}$$

最后，在现实环境的网络流量中，存在的大量噪声会降低唯一性的出现率，为了加强上述表达式对真实网络流量数据的鲁棒性，在式(4.3)中加入参数，将个人标识信息的唯一性最终转化为

$$\sum_1^M \mathrm{SVF}(\mathrm{vf}_M=1)\geqslant\alpha M \tag{4.4}$$

如果 DK 树中的参数使表达式 1 成立，则表示 DK 树具有个人标识信息的唯一性。详细程序代码参见附录 2.1。

表达式 2　将个人标识信息的相异性转化为数学表达式。

首先，根据 4.2.2 中个人标识信息的相异性知识规则，确定每个 DK-VF-U 树 User 层节点的分布情况。

在观测以 DK 为根的用户行为树时，假设包含相同信息 V 节点的 User 子树

的数量为 m，为了统计 DK-VF-U 树 User 层节点的分布情况，建立分段函数：

$$\mathrm{UVF}(m,M) = \begin{cases} 1, & M>1\text{且}m=1 \\ 0, & 1<m<M, \ m,M \in \mathbf{N}^+ \\ 0, & m=M \end{cases} \tag{4.5}$$

当 $M>1$ 且 $m=1$ 时，函数 UVF $=1$，表示信息 V 只存在于一个 U 子树中，即该信息只存在于一个用户中，与其他的信息不同。当 $1<m<M$ 时，函数 UVF $=0$，表示该信息 V 存在于多个 U 子树中，不符合相异性。当 $M=m$ 时，函数 UVF $=0$，表示该信息 V 存在于每个 U 子树中，即每个用户都具有该特征属性。

其次，用户行为树可以表示为一个集合：

$$\mathrm{SUVF} = \{\mathrm{uvf}_1, \mathrm{uvf}_2, \cdots, \mathrm{uvf}_M\}, \quad \mathrm{uvf}_M = 0 \text{ 或 } 1 \tag{4.6}$$

其中，每个元素 uvf 的值由式(4.5)计算得到。每个 U 子树都会产生一个 uvf 值，集合中的元素由 0 或 1 组成。

然后，假设 DK 树传输的是个人标识信息，则按照相异性的内涵，每个 U 子树中的 V 值各不相同。那么，集合 SUVF 中所有元素 uvf 的值应该均为 1，即

$$P(\mathrm{SUVF}\,|\,\mathrm{uvf}_M = 1) = \frac{m}{M} = \frac{\sum\limits_{1}^{M} \mathrm{UVF}(\mathrm{uvf}_M = 1)}{M} = 1 \tag{4.7}$$

最后，为了加强算法在真实环境中的鲁棒性，在式(4.7)中加入参数，将个人标识信息的相异性最终转化为

$$\sum_{1}^{M} \mathrm{SUVF}(\mathrm{uvf}_M = 1) \geqslant \beta M \tag{4.8}$$

如果 DK 树中的参数使表达式 2 成立，则表示 DK 树具有个人标识信息的相异性。详细程序代码参见附录 2.2。

表达式 3 将个人标识信息的可解释性转化为数学表达式。

若网络流量中传输的信息是个人标识信息，则该信息具有可解释性，在这一场景下包含特定含义，表示用户或对象某方面的特征属性。基线标定方法中的关键词语义方法、正则表达式匹配方法和词典方法可用来识别个人标识信息的类型，进而标定个人标识信息的含义。

综上所述，个人标识信息的性质被精炼成与用户行为相关的知识规则，并

进一步转化成数学表达式。这些数学表达式中的变量可以直接从数据集中提取或计算得出，并且较容易被计算机程序实现和执行。

4.2.4　校验和与扩散

校验和(Checksum)与扩散(Diffusion)可用来检验用户行为规则算法的计算结果，降低结果中的误报和漏报。用户行为规则算法的检测结果存在一些误报和漏报，尤其是手机型号、系统版本、登录时间等类型的信息。另外，在相同 DK 树内，信息的样本数量不足时，该方法会漏掉真值信息。而且在数据过滤和整理过程中，一些个人标识信息会被滤除，导致一些漏报。校验和与扩散就是针对这些问题，对基于用户行为规则的识别方法进行优化和改进。

根据用户访问网络的行为，利用该方法建立另外一个用户行为树——信息关联树(Value Relationship Tree)，用于描述校验和与扩散过程。信息关联树以信息 V 作为树的根，U 和 DK 作为树的孩子节点，如图 4.4 所示。校验和过程利用信息 V 与用户 U 之间的关系，检验信息 V 节点的值是否为个人标识信息。若任意信息 V 节点只在信息关联树中映射到唯一的 U 节点，则表示该信息 V 只属于唯一的用户，那么该信息 V 就通过校验成为个人标识信息。反之，若信息 V 映射到多个用户，则表示该信息 V 不是个人标识信息。即使该方法的检测规则较为严苛，但是由于在真实环境中采集数据的复杂性，还有一些其他属性的信息 V 会被该方法检测为个人标识信息，从而造成少量的误报。校验和过程旨在减少结果中的误报。

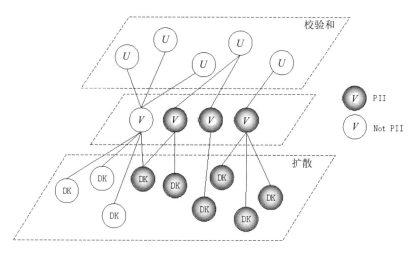

图 4.4　信息关联树模型图

扩散过程利用信息 V 与 DK 节点之间的关系,在原始样本空间中搜索含有通过检验的信息 V 的 DK 节点,并将这些 DK 节点标记为含有个人标识信息的节点。扩散过程基于用户行为树建模(参见 4.2.2)中所作的假设:用户访问相同服务时,在相同位置传输的信息是个人标识信息,即传输的信息具有相同或相似的用户属性。因为扩散过程在整个检测过程中采用较为保守的态度,利用严苛的规则筛选真值,所以在检测结果中会造成较多的漏报。扩散过程旨在重新找到这些漏报的个人标识信息,详细程序代码参见附录 2.3。

综上所述,基于用户行为规则的个人标识信息识别方法首先利用数据预处理清洗数据中的噪声,并将数据标准化;其次,根据个人标识信息隐私泄露检测的问题模型,以树型数据结构建立用户网络行为模型;再次,结合个人标识信息的性质,总结出知识规则并归纳成数学表达式,进而利用 VF 与 UVF 检测方法从稀疏数据集中抽取个人标识信息;然后,结合信息关联树对检测方法的结果进行校验和与扩散,降低检测结果中出现的误报和漏报;最后,利用网络流量数据集基线标定方法中的规则识别个人标识信息的类型。

4.3　实验与方法评估

本节利用真实网络流量数据评估基于用户行为规则的方法性能和计算开销。首先,利用该方法检测数据集 ONE-DAY 和 ISP 中的个人标识信息,并参考数据集的真值(Ground Truth,GT)评估方法的精确度(Precision)和召回率(Recall)。其次,讨论本章方法性能的优缺点以及阈值的设置原则。最后,使用真实网络流量数据测试本章方法的计算开销,并结合并行计算的思想优化其性能。

4.3.1　数据集和实验环境

数据集和实验环境参见 3.4 节。

4.3.2　评估标准

按照数据集的基线,实验利用精确度和召回率评估方法的性能。本章提出的方法本质是检测字符串信息是否属于个人标识信息,属于二分类问题(Binary

Classification)，被检测的信息会被分类到正样本(Positive)或负样本(Negative)中。分类结果会出现四种情况：TP、TN、FP 和 FN。

TP：实际是正样本，被正确预测成正样本，属于正常情况。TN：实际是负样本，被正确预测成负样本，属于正常情况。FP：实际是负样本，被错误预测成正样本，属于误报情况。FN：实际是正样本，被错误预测成负样本，属于漏报情况。

本章主要应用精确度和召回率评估检测方法的性能。精确度针对检测方法预测出的所有正样本(TP + FP)，评估检测方法正确预测的正样本(TP)占预测的所有样本的比例，即正确预测的个人标识信息占预测出所有个人标识信息的比例。召回率针对实际数据集中所有的正样本(TP + FN)，计算检测方法正确预测的正样本占实际数据集中正样本的比例，即正确预测出的个人标识信息占实际数据集中的个人标识信息的比例。精确度 P 和召回率 R 的计算方法如下：

$$P = \frac{\text{TP}}{\text{TP} + \text{FP}} \tag{4.9}$$

$$R = \frac{\text{TP}}{\text{TP} + \text{FN}} \tag{4.10}$$

4.3.3　方法评估

实验先利用本章提出的方法分别检测数据集 ONE-DAY 和 ISP 中的个人标识信息，然后将检测结果与两个数据集的 GT 比较，以评估本章方法的精确度和召回率，并对基线方法(Basedline Mothed)的精确度和召回率进行评价。实验利用两个数据集评估本章方法的原因主要有三点：第一，数据集 ONE-DAY 数据量较小，比较好把握，便于清晰地表现本章方法的原理和执行步骤；第二，数据集 ISP 的数据量较大，数据复杂，但可以直接地表现真实大规模数据情况下本章方法的适应性和发展情况；第三，抽取两个数据集的识别结果可以进行比较。

首先，实验利用基于用户行为规则的识别方法检测数据集 ONE-DAY 中的个人标识信息。数据集 ONE-DAY 属于 ISP 数据集的一部分(周内第一天的数据)。数据集 ONE-DAY 经过人工手检得到的总样本数量共计 83 695 个 DK，其中正样本数量只有 2578 个，占总体样本数量 3.08%。由此可见在网络流量数据中检测个人标识信息就像大海捞针一样。

其次，用基于用户行为规则的方法检测数据集 ONE-DAY 的结果中，正样本数量共计 2535 个 DK，其中实际正样本数量 TP = 2425，误报样本数量 FP = 219。同时产生漏报样本数量 FN = 153。虽然准确度 Accuracy(ACC) = 99.70%，但这并不能有效地衡量本章方法的精确度和召回率。因为正样本只占很小的部分，导致数据集具有稀疏性，所以准确度体现的是负样本的检测正确性，不具备观测意义。因此，实验结果用精确度和召回率这两个指标评估基于用户行为规则的方法。按照精确度和召回率的公式计算可得 Precision = 91.72%，Recall = 94.07%。这个结果表示基于用户行为规则的方法在小规模样本中的精确度和召回率较高，具有 91.72%的精确度找到个人标识信息，并且能够找到样本中 94.07%的个人标识信息。这些实验结果可以充分证明基于用户行为规则的识别方法中前期作出的假设和数据处理过程都是有效的。

　　基于用户行为规则的识别方法在 5 个数据阶段的精确度和召回率如表 4.1 所示。数据处理经过 5 个阶段：原始数据阶段、数据清洗阶段、数据聚合阶段、数据校验阶段和数据扩散阶段。

表 4.1　本章方法在数据 5 个阶段中的精确度(*P*)和召回率(*R*)

评估标准			原始数据		数据清洗		数据聚合		数据校验		数据扩散	
			1	0	1	0	1	0	1	0	1	0
GT	1	TP　FN	2169	409	2316	215	2316	215	2316	215	2425	153
	0	FP　—	3109	—	2974	—	301	—	219	—	219	—
	P	*R*	*P* = 41.1%	*R* = 84.1%	*P* = 43.8%	*R* = 91.5%	*P* = 85.5%	*R* = 91.5%	*P* = 91.4%	*R* = 91.5%	*P* = 91.7%	*R* = 94.1%

　　观察这 5 个数据处理阶段可以发现，基于用户行为规则的识别方法的精确度和召回率整体表现为上升趋势，且精确度上升趋势较大，而召回率上升趋势较为平缓，如图 4.5 所示。精确度上升趋势较大的原因是原始数据存在大量的误报样本，通过数据的清洗、聚合、校验和扩散等过程逐渐降低了这些误报的样本，尤其是在数据聚合后本章方法的精确度从 43.8%提高到 85.5%。因为在数据聚合前，相同数据量较小的样本正好表现出正样本的特性，但经过数据聚合后，大量样本会将这些误报清除。例如，终端设备型号或登录时间等大量存在的信息在样本量较少时会体现出个人标识信息的特征，但在样本量增大的情况下不会符合个人标识信息的唯一性和相异性，而数据聚合过程会有效清除基于用户行为规则方法的误报样本，提高本章方法的精确度。此外，数据聚合过程在降低误报样本量的同时并没有引起漏报情况，以此可以证明我们提出的数据聚合过程中的假设和方法是正确的，即不只是相同 DK 中传输相同

类型的信息，且相似服务的 DK 中传输的信息也具备这种同类型的特性。同时，召回率平缓上升说明本章方法的检测结果中得到的实际正样本数量 TP 和漏报样本数量 FN 较为稳定。在数据清洗过程和数据扩散过程中，召回率的提高程度较大，其原因是：一方面，在数据清洗过程中，噪声数据的消除引起数据质量的提高，并导致该方法检测的精确度和召回率提升；另一方面，在数据扩散过程中，根据正样本召回其他漏报的正样本，这也能有效提升该方法的召回率。

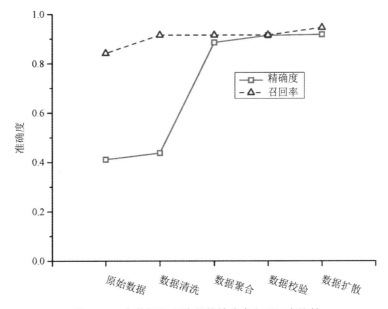

图 4.5　5 个数据处理阶段的精确度和召回率比较

最后，实验对数据集中的个人标识信息的类型进行了统计，主要出现的个人标识信息类型统计分布如图 4.6 所示。其中：用户 ID 的出现率最高，达到 25.76%；三个机器码 IMEI、IDFA 和 UUID 的占比分别为 17.07%、14.35% 和 6.75%；GPS 位置信息的出现率为 5.31%；安全散列函数 SHA、MAC 地址、手机号码的占比在 2%～5% 之间；其他类型的个人标识信息所占比为 14.55%；剩余类型的个人标识信息所占比例都在 2% 以下。这反映出网络应用服务收集个人标识信息的分布，其中：用户 ID 用于用户认证和标识；各类型的机器码用于分析用户的网络环境；GPS 位置信息用于分析用户的行为轨迹和兴趣推荐；手机号码、邮件可以用来作为用户 ID 或用户联络信息。其他信息出现得相对较少，但明文密码、姓名、地址、身份证号码等个人标识信息直接威胁到了用户的隐私安全。

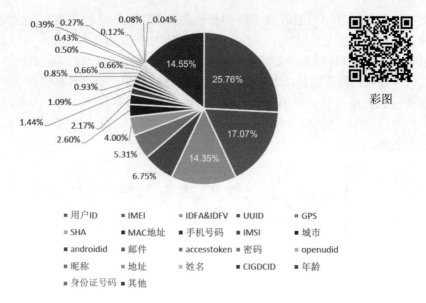

彩图

图 4.6　个人标识信息类型分布图

4.3.4　实验结果

本章利用数据集 ISP 评估基于用户行为规则方法的精确度和召回率，并将其与基线标定方法进行比较，结果如表 4.2 所示。基线标定方法规则已在 3.3 节描述过，它将关键词语义方法、正则表达式匹配方法和词典方法综合在一起。其中：正则表达式匹配方法用于检测规则形式的个人标识信息，例如设备终端的信息、MAC 地址、电话号码等信息；关键词语义方法用于检测不规则形式的个人标识信息，例如用户名、密码等信息；词典方法用于检测具有有限集合性质的信息，例如姓名、地址等信息。

在本章中，个人标识信息按照 2.1.3 节的机器标识信息、用户标识信息、联系信息、位置信息 4 种分类进行介绍，包括 10 种典型类型的个人标识信息：IMEI、MAC、IDFA、Device ID、User ID、Name、E-mail、Password、Phone Number、Location。

基线标定方法对上述 10 种类型的个人标识信息按照 3.3 节中的抽取规则(表 3.4)进行解释。实验利用基线标定方法抽取数据集 ISP 中的个人标识信息。结果表明，基线标定方法检测出含有个人标识信息的 Domain-Key 数量为 20 136，但是经过人工检测发现，结果中存在大量的误报，10 种类型的个人标识信息的平均误报率达到 58.18%。User ID、Device ID、IMEI 和 Phone

Number 检测到的样本中混入大量的时间戳信息，占比分别为 70.78%、48.95%、33.93% 和 82.50%。MAC 地址通常不是终端交换机的 MAC 地址，而是网络中继设备的 MAC 地址，所以误报率也达到 70.78%。命名为 Name 的位置不只是传输姓名信息，还有可能是文件名、应用程序的名字或者是网页的名字，其误报率达到 83.40%。Location 会被其他少数形式的参数干扰，误报率达到 54.55%。E-mail 也会被其他包含 @ 符号的字符串干扰，误报率达到 76.14%。表现最好的是 IDFA 和 Password，但也有较大的误报率，分别为 30.20% 和 30.59%。

表 4.2　本章方法与基线标定方法的精确度和召回率比较

PII 类型	基线方法		本章方法		比　较		
	DK 数量	误报率/%	DK 数量	误报率/%	共有	TPII	基线方法
IMEI	1182	33.93	564	1.77	514	50	1132
MAC	1345	70.78	553	7.05	493	60	1285
IDFA	510	30.20	244	11.07	49	195	315
Device ID	2578	48.95	1583	27.38	455	1130	1448
User ID	3438	70.78	1621	19.43	738	883	2555
Name	5484	83.40	1898	35.35	315	1583	3901
E-mail	528	76.14	177	1.69	18	159	369
Password	170	30.59	60	8.33	45	15	155
Phone Number	1383	82.50	145	6.21	92	53	1330
Location	3518	54.55	221	7.24	136	85	3433
总数	20 136	58.18	7382	12.55	2855	4213	15 923

利用本章方法抽取数据集 ISP 中的个人标识信息。结果表明，用户行为规则方法有效降低了误报率，10 种类型的个人标识信息的平均误报率为 12.55%。该方法对于 IMEI、MAC、E-mail、Phone Number、Location 等个人标识信息的抽取表现良好，主要原因是这些个人标识信息具有标准的格式，属于规则形式个人标识信息。相比来说，Device ID、User ID、Name 和 Password 没有准确的格式，属于非规则形式个人标识信息，所以这些个人标识信息的检测准确度还有待提升。由于数据集 ISP 中存在大量的数据，没有能力对数据集进行逐一的手工检测，因此在实验结果中只讨论数据集的误报率。这是因为在海量的数据集中，基于用户行为规则的识别方法更关心降低误报率，以保证检测到正确的个人标识信息，为此导致一些漏报也可以容忍。

此外，实验还发现一些特殊的情况。一方面，在少部分的 DK 中包括多个类型的个人标识信息，但是这些类型的个人标识信息在这个 DK 中又表示相同的含义。例如，在"User ID"这个 DK 中，可能包含用户名、E-mail 或 Phone Number 等多个类型的个人标识信息，它们可以作为 User ID 表示独立的用户，基于用户行为规则的识别方法能够很好地适应这种情况。另一方面，基于用户行为规则的识别方法能发现一些个人标识信息，其字符串的字符序列杂乱无章，让人不能直接理解字符串的具体含义。经过分析发现，这些杂乱无章的字符串有可能是加密后的信息，这些信息同样能够标识出独立的用户或个体。虽然不能确认这些个人标识信息的类型和内容，但是基于用户行为规则的识别方法有能力发现这些个人标识信息。此外，在有些相似服务的 DK 中，加密信息与明文信息相互混淆，这些对发现加密信息具体的类型和内容也有一定的帮助。

4.3.5　方法讨论

基于用户行为规则的识别方法中有两个阈值 α 和 β，以及一个潜在的时序分段参数 T。阈值 α 和 β 出现在式(4.4)和式(4.8)中，以此应对真实网络环境的复杂性，权衡精确度和召回率之间的关系。在理想的情况下，阈值 α 和 β 应该都等于 1，即消去阈值 α 和 β 的作用，基于用户行为规则的识别方法可以成功地找到个人标识信息。此时，基于用户行为规则的识别方法执行最严格的检测，任何不符合检测要求的信息将被剔除，检测结果会得到较高的精确度，但也会产生一些漏报情况，导致较低的召回率。

在真实的网络环境中，会遇到许多干扰因素阻止基于用户行为规则的识别方法准确地找到个人标识信息，降低识别方法的精确度和召回率。比如传输过程中数据包的丢失导致的个人标识信息缺失，客户端故意篡改和隐藏个人标识信息，多个用户使用的 NAT 网络将多个个人标识信息混合在一起，单个用户使用多个设备登录等。为了应对这些复杂的情况，设置阈值 α 和 β 的定义域为 [0,1]，以平衡精确度和召回率之间的关系。

在前期的假设中，使用一个潜在的时序分段参数 T 将获得的网络流量数据分割成若干部分。T 被定义为一个时间参数，通常按照用户的行为特征被设置为一年、一个月、一周或一天。在本章的实验中，时序分段参数 T 等于一周和一天两个值，因此网络流量数据被分割成两个数据集，即 ONE-DAY 和 ISP。

4.3.6　计算性能优化

实验采用并行计算的思想加速基于用户行为规则的识别方法的计算性能。

最初，所有的数据被放在一起以便管理，但在后来数据处理中发现这是不明智的。即使数据集的观察周期只有 24 h，数据量也会很庞大，并且给连续计算造成非常大的麻烦。当 DK 树的节点众多时，计算开销将呈指数增长。

实验环境采用 Linux X86_64 架构服务器，CPU 的型号为 32 核 Inter(R) Xeon(R)E7-4820 2.0 GHz，并配有 64 GB 内存。实验采用单核连续方式进行数据处理，计算时间开销为 9 天 9 小时 17 分。为了降低计算时间开销，基于用户行为规则的识别方法采用并行计算的思想进行优化。VF 与 UVF 检验过程执行在 DK 树内部，执行期间与其他 DK 树没有联系，所以可以将这两个检验过程作并行处理。将数据集按照相同 Domain 或 Domain-Key 进行分割，分别建立子数据集并存储成独立文件，进而采用多线程方式并行计算处理不同的 DK 树文件。采用并行优化方法使计算时间开销降低到 56 min，大幅提升了基于用户行为规则的识别方法的计算性能。

本章提出了基于用户行为规则的个人标识信息识别方法。针对个人标识信息概念定义不清晰的问题，该方法根据知识规则的理论模型，定量分析个人标识信息理论边界，探索个人标识信息的多样性，解决个人标识信息因时效性产生的变化问题，在技术层面清晰地界定了个人标识信息的概念。首先根据提出的问题模型结合网络流量数据分析技术提取特征信息，将网络流量数据转化为文本数据集；其次按照用户的访问行为建立用户模型；最后结合个人标识信息的性质建立用户行为规则模型，识别数据集中的个人标识信息。实验结果表明，基于用户行为规则的个人标识信息识别方法识别性能稳定，能够有效降低误报率。

第 5 章

基于静态污染的个人标识
信息定位抽取方法

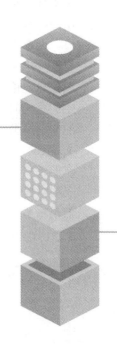

　　本章提出了基于静态污染的个人标识信息定位抽取方法。该方法将输入的污染信息值作为共享值，经过域内感染和域外传播两个过程迭代收敛，并使用约束函数筛选感染的范围和选择传播的方向。本章提出的方法能够自动精准地定位抽取网络流量中的个人标识信息，克服"过度污染"产生的误报，帮助标注大规模数据集，从而避免人工干预和众包反馈。另外，该方法提出的三种计算性能优化方法也减少了样本空间、算法迭代轮次，对方法计算性能的提升效果显著。

5.1　基于静态污染的个人标识信息定位抽取方法的基本思想与动机

　　随着网络技术的发展，网络流量中个人标识信息隐私泄露检测将面临大数据的挑战。首先，高带宽网络流量带来了大规模网络流量数据，正负样本数量差距较大也会导致检测样本中的数据稀疏。其次，检测方法需要克服非重复性非结构数据中个人标识信息抽取的困难。网络大数据大部分属于非重复性非结构数据，目前使用的正则表达式匹配方法、关键词语义方法及词典方法并不能得到较为满意的检测结果。再次，检测方法还要尽量排除人工干扰的因素，避免众包平台反馈标定数据集等互动行为，避免通过先验知识规则建立模型，从而牺牲检测方法的自动化性能。最后，在真实网络流量数据中存在较大的噪声干扰，影响检测结果的准确性。此外，大规模网络流量中个人标识信息隐私泄露检测方法还面临计算性能的挑战。总之，个人标识信息定位抽取方法需要对抗真实网络中稀疏、非结构数据的知识规则抽取、人工干扰因素，并具有较强的抵御噪声干扰能力和高效的计算性能。因此，在大规模的网络流量数据中精准定位抽取个人标识信息的难度犹如大海捞针。

　　本章提出了基于静态污染的个人标识信息定位抽取方法，灵感来源于Android 系统设备中的动态污染检测方法[18]主要是通过应用程序代码中组件和进程之间的函数调用关系来构建信息流，并根据输入的污染信息值发现其他个人标识信息。基于静态污染的个人标识信息定位抽取方法将输入个人标识信息作为共享信息，并利用此共享信息在数据中流动的行为发现不同服务-位置之间的连通关系，构建信息流图(Information Flow Graph)，然后利用图论的遍历算法定位抽取个人标识信息。该方法根据输入的感染值能自动精准地定位抽取个人标识信息。

此外，本章还提出了三种性能优化方法，分别通过减小样本空间大小、降低算法执行轮次和优化算法搜索路径来降低方法的空间复杂度和时间复杂度，以此达到降低方法计算时间开销、改进方法计算性能的目的。

5.2 基于静态污染的个人标识信息定位抽取方法的描述

基于静态污染的个人标识信息定位抽取方法的描述如下：

首先，将网络流量转化为数据集，该数据集包含三个维度：D、K 和 V。其次，利用一个递归污染过程建立信息流图，其中污染过程包含两个步骤：域间传播(Inter-Area Routing)过程和域内感染(Intra-Area Infection)过程；最后，提出了一种静态污染定位抽取算法(Static Tainting Extraction Algorithm)，并描述了算法的执行过程。

5.2.1 数据预处理及网络流量转化

假设用户访问的应用服务为 D，通过协议 P 传输网络流量数据。如果在位置 K 传的个人标识信息为 V，那么协议 P 传输的网络流量数据可以表示为样本空间，有

$$S_P = (D, \ K, \ V) \tag{5.1}$$

其中，S_P 表示利用协议 P 传输的网络流量数据，D、K、V 分别表示服务、位置、信息值。由此，海量的网络流量数据可以通过协议分析技术缩减转化成文本格式的数据集，便于计算机的存储和计算。综上所述，4W 问题将个人标识信息识别问题转化为判断位置 K 中传输的 V 是否为个人标识信息的问题。

5.2.2 信息流图构建

当用户访问应用服务时，一些信息 V 被识别为个人标识信息，并由此产生两个用户行为关系：

(1) 当用户访问不同应用服务时，相同的个人标识信息将在不同的 DK 内共享，这些共享的信息被定义为共享值(Share Value)；

(2) 相同 DK 中传输相同类别的信息。

基于静态污染的个人标识信息定位抽取方法将用户访问的 DK 定义为域 (Area)，其中传输不同种类的信息都表示用户或对象的不同属性。假设用户访问的 DK 数量为 n，那么与其相对应的域 Area $= DK_1, DK_2, \cdots, DK_n$，集合中包含所有用户访问的 DK，共有 n 个元素。同时，这些域中传输的信息可以表示为另一个集合 $V = v_1, v_2, \cdots, v_m$，共传输了 m 个信息。最后，按照 DK 与其中传输的信息 V，可以建立域内 DK-V 数据映射关系，如表 5.1 所示，其样本空间大小是每个域中包含的值的总和。因此，利用域内 DK-V 数据映射关系，基于静态污染方法可以通过域内感染和域间传播两个过程构建信息流图。

表 5.1　域内 DK-V 数据映射表

Area	值													
DK_1	v_1	v_2	—	—	—	—	—	—	—	—	—	—	—	—
DK_2	v_1	—	v_3	v_4	—	—	—	—	—	—	—	—	—	—
DK_3	—	—	v_3	—	v_6	—	—	—	—	—	—	—	—	—
DK_4	—	—	—	—	—	v_7	v_8	v_9	v_{10}	v_{11}	—	—	—	—
DK_5	—	—	—	—	—	—	—	—	v_{10}	—	v_{12}	v_{13}	—	—
DK_6	—	v_2	—	—	—	—	—	—	—	—	v_{12}	—	v_{14}	—
DK_7	—	—	—	v_5	—	—	—	v_9	—	—	—	—	v_{14}	v_{15}
DK_8	—	—	—	—	—	—	v_8	—	—	v_{11}	—	v_{13}	—	—
DK_9	—	—	—	v_5	v_6	—	v_8	—	—	—	—	—	—	—
...	...													
DK_n	...													

5.2.3　域内感染

域内感染是指在 DK 中选择相似信息的过程。假设用户 i 产生的域和信息分别为 DK_i 和 V_i，用户 j 产生的域和信息分别为 DK_j 和 V_j，当 $DK_i = DK_j$ 且 $V_i \neq V_j$，即用户 i 和用户 j 访问相同的 DK 且传输的信息 V 不同时，如果 V_i 是个人标识信息，即 $V_i \in PII$，那么 V_j 也属于个人标识信息，即 $V_j \in PII$。

由此可以得出推论：如果在一个域 DK 中存在一个 Value 是个人标识信息，那么这个 DK 中的所有 Value 都是个人标识信息。这看起来像是一个感染过程，它将 Value 的属性从一个感染到另一个，因此被命名为域内感染过程。换句话说，DK 及其包含的信息 Value 可以通过域内感染来选择，以形成集合 $IAI_{DK} = \{DK \in PII \mid V \in PII, V \in DK\}$。域内感染的主要作用是在每个域中提取相同类别的信息。

可是，在真实的网络环境中，网络流量数据掺杂着大量的噪声，这会干扰研究结果的准确度和召回率。造成这种情况通常有以下几点原因：

(1) 数据包在传输过程中丢包，导致部分信息丢失后，以默认值或缺省值代替信息。

(2) 由于 App 涉及不同的版本，明文信息和加密信息相互混合，导致信息表现出不同的格式或形式。

(3) 在一些 DK 中，相似种类的信息互相混杂在一起。

按照上述情况，如果简单地使用域内感染会造成大量的"感染过度(Overtainting)"，导致识别结果中会产生大量的误报。因此，需要对域内感染过程进行适当的干预，比如在域内感染中加入约束函数，控制域内感染的范围，以便能够准确地提取相同类别的个人标识信息。

5.2.4 域间传播

域间传播是利用域内共享值建立域间关系的过程。当用户访问不同的服务时，DK 中会传输相同的信息，这些信息被定义为共享值。依靠这些共享值，可以使 DK 之间相互建立关系。两个 DK 中有可能存在多个共享值，这些 DK 之间的关系和共享值可以表示为邻接矩阵，如表 5.2 所示。

表 5.2　共享信息值邻接矩阵

Area	DK_1	DK_2	DK_3	DK_4	DK_5	DK_6	DK_7	DK_8	DK_9	⋯	DK_n
DK_1	—	v_1	—	—	—	v_2	—	—	—		—
DK_2	v_1	—	v_3	—	—	—	—	—	v_4		—
DK_3	—	v_3	—	v_7	—	—	—	—	v_6		—
DK_4	—	—	v_7	—	v_{10}	—	v_9	v_{11}	v_8		—
DK_5	—	—	—	v_{10}	—	v_{12}	—	v_{13}	—		—
DK_6	v_2	—	—	—	v_{12}	—	v_{14}	—	—	⋯	—
DK_7	—	v_5	—	v_9	—	v_{14}	—	—	v_5		—
DK_8	—	v_4	—	v_{11}	v_{13}	—	—	—	—		—
DK_9	—	—	v_6	v_8	—	—	v_5	—	—		—
⋯					⋯						—
DK_n					⋯						

若以 n 个 DK 作为顶点，顶点的集合 $N = \{DK_1, DK_2, \cdots, DK_n\}$，则各顶点之间的关系可以作为一个边的集合 E，则有

$$E = \{(DK_1, DK_2, v_1), (DK_1, DK_6, v_2), (DK_2, DK_3, v_3), (DK_2, DK_9, v_4),$$
$$(DK_7, DK_9, v_5), (DK_3, DK_9, v_6), (DK_3, DK_4, v_7), (DK_4, DK_9, v_8),$$
$$(DK_4, DK_7, v_9), (DK_4, DK_5, v_{10}), (DK_4, DK_8, v_{11}), (DK_5, DK_6, v_{12}),$$
$$(DK_5, DK_8, v_{13}), (DK_6, DK_7, v_{14}), \cdots, (\cdots, \cdots, v_m)\} \tag{5.2}$$

由此，利用上述顶点和边的关系，可以建立一个信息流图 IFG = (N, E)，如图 5.1 所示。为了更简洁地表示信息流图并便于理解，假设域之间只存在一个共享值关系。但在实时网络流量数据中，两个 DK 之间可能存在多个共享值，同时信息流图每条边的权重按照强弱关系有所区别。

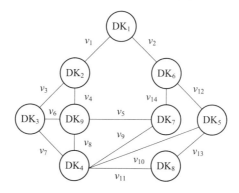

图 5.1　基于静态污染的个人标识信息定位抽取方法信息流图

5.2.5　约束函数

约束函数(CF)是控制域内感染信息内容范围和域间传播方向的参数。域内感染根据个人标识信息类型格式的先验知识，可以找出一些个人标识信息的规则作为约束函数，例如字符范围、字符串长度、正则表达式、词典、关键词语义或者字符串相似度等。通常情况下，个人标识信息分为规则形式和非规则形式两种类型。规则形式的个人标识信息可以利用正则表达式、词典等规则作为约束函数。非规则形式的个人标识信息可以采用字符串长度、字符范围、字符串相似度或关键词语义等规则作为约束函数。基于静态污染方法利用上述简单的规则提取 DK 中的个人标识信息，同时证明其有更好的性能。接下来，使用从域内感染过程中选择的这些值，在任意两个域间建立关系。域间传播使用关键词语义或者词典规则作为约束函数，以控制传播的方向。比如，当共享信息值传播到某域 DK 时，确定 Key 值的语义是否符合规则。

综上所述，信息流图由域内感染和域间传播两个过程组成。域内感染引入约束函数控制感染的范围。域间传播引入共享值控制传播的方向。

5.2.6 静态污染个人标识信息定位抽取方法

本章提出了基于静态污染的个人标识信息定位抽取方法(简称静态污染定位抽取方法)能够在海量数据中自动准确地抽取个人标识信息。首先,静态污染定位抽取方法在数据中选择一个个人标识信息作为输入的感染信息(Tainting-Value)。其次,静态污染定位抽取方法按照输入的感染信息构建信息流图。信息流图的构建过程是通过执行域内感染和域间传播两个交替循环模式而实现数据搜索的最终收敛。最后,静态污染定位抽取方法输出两个列表(List):个人标识信息列表(ValueList)和个人标识信息服务-位置列表(DKList)。

静态污染定位抽取方法基于树形结构的广度优先搜索算法,如图 5.2 所示。假设选取 V_1 为感染信息,作为静态污染定位抽取方法的输入。

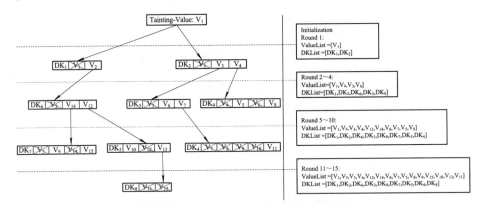

图 5.2 静态污染定位抽取方法流程示意图

第一步:开始执行算法的第 1 轮次(Round 1)。初始情况下,ValueList 只包含一个信息 V_1,而 DKList 为空。将 ValueList 中的感染信息 V_1 作为共享值执行域间传播,首先搜索到两个域 DK_1 与 DK_2。

第二步:执行算法的第 2 轮次(Round 2)。执行域内感染,从 DK_1 域中搜索到信息 V_2。然后以信息 V_2 作为共享值执行域间传播,得到域 DK_6。输出的结果中 ValueList = $[V_1,V_2]$,DKList = $[DK_1,DK_2,DK_6]$。

第三步:执行算法的第 3 轮次(Round 3)。执行域内感染,从 DK_2 域中搜索到信息 V_3、V_4。然后以信息 V_3 作为共享值执行域间传播,得到域 DK_3。输出的结果中 ValueList = $[V_1,V_2,V_3,V_4]$,DKList = $[DK_1,DK_2,DK_6,DK_3]$。

第四步:执行算法的第 4 轮次(Round 4)。执行域内感染,从 DK_2 域中搜

索到信息 V_3、V_4。然后以信息 V_4 作为共享值执行域间传播，得到域 DK_9。输出的结果中 ValueList $= [V_1, V_2, V_3, V_4]$，DKList $= [DK_1, DK_2, DK_6, DK_3, DK_9]$。

以此将信息列表 ValueList 中的每一个元素按顺序作为共享值，循环模式反复执行域内感染与域间传播。每一次交替执行的过程被定义为算法执行的轮次(Round)。

最终，经过 15 个轮次收敛，静态污染定位抽取方法输出 ValueList $=$ $[V_1, V_2, V_3, V_4, V_{12}, V_{14}, V_6, V_7, V_5, V_8, V_9, V_{15}, V_{10}, V_{13}, V_{11}]$ 和 DKList $= [DK_1, DK_2, DK_6, DK_3,$ $DK_9, DK_7, DK_5, DK_4, DK_8]$。列表内元素的顺序是按照搜索的顺序列出的。具体流程参见下面的算法 1。

算法1　静态污染定位抽取方法

Input: Tainting-Value, DataSet, CONDITION_RULES(Tainting-Value)
Output: ValueList,DKList
1: Initial ValueList $= \varnothing$, DKList $= \varnothing$
2: ValueList $\Leftarrow$ Tainting-Value
3: Constraint Function $\Leftarrow$ CONDITION_RULES(Tainting-Value)
4: // 选取一个合适的约束规则，并建立约束函数.
5: **for** Value $\leftarrow$ ValueList **do**
6: 　　// 顺序将列表 ValueList 中的信息 Value 作为共享值. TempDKList $= \varnothing$
7: 　　**for** Line $\leftarrow$ DataSet **do**
8: 　　　　// 执行域间传播.
9: 　　　　**if** (Value $\in$ Line[Value]) **and** (Line[DK] $\notin$ DKList) **and** (CONDITION(Line[DK]) $==$ Constraint Function(Key)) **then**
10: 　　　　　　// 域间传播中的约束函数 Constraint Function(Key) 控制传播方向.
11: 　　　　　　DKList $\Leftarrow$ Line[DK]
12: 　　　　　　TempDKList $\Leftarrow$ Line[DK]
13: 　　　　**end if**
14: 　　**end for**
15: 　　**for** DK $\leftarrow$ TempDKList **do**
16: 　　　　// 执行域内感染.
17: 　　　　TempValueList $= \varnothing$;
18: 　　　　**for** Line $\leftarrow$ DataSet **do**
19: 　　　　　　**if** DK $==$ Line[DK] **and** (Line[Value] $\notin$ ValueList) **and** (CONDITION(Line[Value]) $==$ Constraint Function(Value)) **then**
20: 　　　　　　　　// 域内感染中的约束函数 Constraint Function(Value) 控制感染范围.
21: 　　　　　　　　ValueList $\Leftarrow$ Line[Value]
22: 　　　　　　　　TempValueList $\Leftarrow$ Line[Value];
23: 　　　　　　**end if**
24: 　　　　**end for**
25: 　　**end for**
26: **end for**
27: **return** DKList, ValueList

由此，利用静态污染定位抽取方法构建了信息流图。信息流图以输入信息-污染信息为起点，利用域间传播层次遍历信息流图的各个顶点，选择和污染信息相同种类的信息作为信息流图的顶点，并抽取信息流图中每个顶点包含的信息作为个人标识信息，最终不只输入个人标识信息的具体值，还包含个人标识信息的服务-位置。详细程序代码参见附录 3。

5.3　实验与方法评估

使用真实网络流量数据评估基于静态污染的个人标识信息定位抽取方法。首先，实验所用的网络流量数据来自国内某高校校园网络的千兆速率骨干网络边界路由器，所采集的网络流量数据主要是校园无线网络用户产生的访问流量。其次，将网络流量数据转化为 3 个维度的数据集，同时进行数据预处理并利用静态污染定位抽取方法抽取数据集中的个人标识信息。最后，评估静态污染定位抽取方法的精确度和召回率，并将其与其他方法进行对比。

5.3.1　数据集与实验环境

实验使用多核的实时网络流量数据采集平台，网络流量数据来自校园无线网络的骨干网络边界路由器镜像端口。网络流量数据抓取的时间是从 2016 年 11 月 7 日至 13 日，共计一周的时间。在一周内，实验总共抓取 389 222 281 个 HTTP 数据包。这些数据包以 PCAP 格式存储成原始流量数据。虽然实验只是使用 HTTP 协议的数据包，但静态污染定位抽取方法并不只限于 HTTP 协议的数据包，亦可以利用网络流量协议分析扩展到其他协议的网络流量。

利用网络流量协议分析分别提取出 HTTP 数据包的 Host 和 GET 字段的信息，并将 GET 字段按照网络数据特征提取(参见 3.2.3)中的内容分割为 Key-Value 键值对。那么，数据包就可以用 $S_{HTTP} = \{D,K,V\}$ 这 3 个维度的信息表示，其中，D 为 HTTP 数据包 Host 字段内的信息，K 和 V 分别为 Key-Value 键值对中的 Key 和 Value。

通过上述处理将网络流量数据转化为一个数据集，而数据集中每个条目代表一个数据包。因此，该数据集的样本空间大小为数据包的个数。

实验使用数据预处理方法清洗数据集内的噪声，并将相同的条目进行集成。基于静态污染方法的数据预处理过程只是进行了噪声清洗和简单的冗余数据合并处理。

5.3.2　评估标准

实验使用精确度、召回率和 F1 分数(F1 Score)作为评估标准。首先，用本章方法抽取数据集中的个人标识信息，并将结果与数据集标定数据进行比较；其次，利用精确度、召回率和 F1 分数评估静态污染定位抽取方法的有效性；最后，将本章方法与目前的其他方法进行比较。

精确度 P、召回率 R 和 F1 分数的计算公式如下：

$$P = \frac{\text{TP}}{\text{TP} + \text{FP}} \tag{5.3}$$

$$R = \frac{\text{TP}}{\text{TP} + \text{FN}} \tag{5.4}$$

$$\text{F1} = 2 \times \frac{P \times R}{P + R} = \frac{2\text{TP}}{2\text{TP} + \text{FP} + \text{FN}} \tag{5.5}$$

在二分类模型中，样本可能被分类为正样本或者负样本，与实际样本分类比较后可以分为四类：TP、FP、FN 和 TN。上述四种分类的情况和精确度、召回率介绍具体参见 4.3.2。

F1 分数是统计学中衡量二分类模型性能的指标，它同时兼顾了精确度和召回率。F1 分数是准确率和召回率的一种加权平均，它的值域为[0,1]。

为了更加准确地评估静态污染定位抽取方法的性能，本章按照 2.1.3 中个人标识信息的分类，主要介绍其中 8 种典型类型的个人标识信息：IMEI，MAC 地址，IDFA，User ID/User Name/Nick/Name，E-mail，Password，Phone Number，GPS(Latitude/Longitude)。

5.3.3 实验结果评估

在本节中，实验应用静态污染定位抽取方法(Taint)抽取数据集中的个人标识信息，然后评估该方法的精确度、召回率和 F1 分数，并将其与基线标定方法(Baseline)进行对比(参见 3.3 节)。按照基线标定方法，定义了 8 种典型类型的个人标识信息的抽取规则，如表 5.3 所示。

静态污染定位抽取方法和网络数据集基线标定方法的性能比较如表5.4和表 5.5 所示。基线标定方法利用关键词语义方法、正则表达式匹配方法、字符长度与范围等规则抽取 8 种类型的个人标识信息，通常应用在设备标识符、联系信息和位置中匹配个人标识信息，例如 IMEI、MAC 地址、IDFA 等。关键词语义方法是一种分析词语语义的方法，通过理解 Key 的词义确定 DK 是否包含个人标识信息，例如命名为"E-mail"的 Key 可能包含邮件地址信息。

表 5.3　基线标定方法抽取规则表

分　类	类　型	规则(k-s:key-semantics；reg:regular expression；lex：lexicon)
用户标识信息	User Name/ID，Nick Name	k-s: substr. of user name/id,nick, login, or equal to "id" or "name"
	Password	k-s: substr. of password, or equal to "pwd"
	E-mail	reg:^[- _\w\.]{0,64}@{1}([-\w]{1,63}\.)*[-\w]{1,63}$
机器标识信息	IMEI	reg: value.length =15 and value.isdigit()
	MAC 地址	reg: ^([0-9a-fA-F]{2})?[-:]([0-9a-fA-F]{2}){5}$'
	IDFA	reg:^([0-9a-fA-F]{8}((-[0-9a-fA-F]{4}){3})-[0-9a-fA-F]{12}$
联系信息	Phone Number	reg:^1[3458]\d{9}$)
位置信息	GPS	reg:~ ?((0|1?[0-7]?[0-9]?)(([.][0-9]1,6)?)|180(([.][0]1,6)?))$ and
	Latitude and Longitude	k-s: substr. of lng, loc, long, loc, or equal to "x" or "y"

表 5.4　基线标定方法的性能

类型	Baseline	TP	FP	FN	精确度/%	召回率/%	F1
IMEI Value	16 559	6519	10 040	0	39.37	100	0.5650
IMEI DK	4650	3025	1625	0	65.05	100	0.7883
MAC Value	95 703	5822	89 881	0	6.08	100	0.1147
MAC DK	5329	1024	4305	0	19.22	100	0.3224
IDFA Value	115 892	15 432	100 460	0	13.32	100	0.2350
IDFA Number DK	3708	1876	1832	0	50.59	100	0.6719
Phone Number Value	36 680	849	35 831	0	2.31	100	0.0452
Phone Number DK	1434	411	1023	0	28.66	100	0.4455
E-mail Value	25 208	443	24 765	0	1.76	100	0.0345
E-mail DK	1850	223	1627	0	12.05	100	0.2151
Location Value	15 917	9761	6156	224	61.32	97.76	0.7537
Location DK	770	642	128	170	83.38	79.06	0.8116
Name Value	315 206	214 580	100 626	0	68.08	100	0.8101
Name DK	8046	4190	3856	0	52.08	100	0.6849
Password Value	904	631	273	137	69.80	82.16	0.7548
Password DK	225	208	17	30	92.44	87.39	0.8985
总数	648 081	265 636	382 445	561	40.99	99.79	0.5811

表 5.5　静态污染定位抽取方法的性能

类型	Taint	TP	FP	FN	精确度/%	召回率/%	F1
IMEI Value	6798	6219	579	300	91.48	95.40	0.9340
IMEI DK	3045	3009	36	16	98.82	99.47	0.9914
MAC Value	4925	4799	126	1023	97.44	82.43	0.8931
MAC DK	904	834	70	190	92.26	81.45	0.8651
IDFA Value	13 044	13 044	0	2388	100	84.53	0.9161
IDFA DK	1517	1517	0	359	100	80.86	0.8942
Phone Number Value	541	539	2	310	99.63	63.49	0.7755
Phone Number DK	185	183	2	228	98.92	44.53	0.6141
E-mail Value	191	191	0	252	100	43.12	0.6025
E-mail DK	141	141	0	82	100	63.23	0.7747
Location Value	12 788	9719	3069	266	76	97.34	0.8536
Location DK	678	610	68	202	89.97	75.12	0.8188
Name Value	220 385	204 792	15 593	9788	92.92	95.44	0.9416
Name DK	4495	3932	563	258	87.47	93.84	0.9055
Password Value	1104	575	563	193	52.08	74.87	0.6143
Password DK	254	223	31	15	87.80	93.70	0.9065
Total	270 995	250 327	20 668	15 870	92.37	94.04	0.9320

　　按照表 5.4 和表 5.5 的数据，将实验结果按照 Value 和 DK 分别将基线标定方法和静态污染定位抽取方法进行比较，结果如图 5.3 和图 5.4 所示。实验结果验证了静态污染定位抽取方法在 8 种类型的个人标识信息中，整体评估指标优于基线标定方法。基线标定方法显然面临一些较高的误报，而静态污染定位抽取方法基本克服了误报的问题，得到的结果更精确，有效地控制了"过度污染"。当然，静态污染定位抽取方法还存在少量的误报，主要是由时间戳混入 IMEI 或 Phone Nember 产生的，另外 Location 信息也会产生一些误报。

　　同时，静态污染定位抽取方法也漏掉了一些正样本，将它们分类为负样本，导致一些正样本的漏报，产生这些漏报的原因是：

　　(1) 实验采集的是一个完整的样本空间，而在域内感染过程中加入约束函数过滤样本，势必会丢失一些通常使用键语义作为约束函数的类型中的正样本，最终影响实验结果的召回率。例如，传输密码的密钥有时隐藏了其语义，并且可以使用任何字符自由命名。

　　(2) 域间传播过程并不总是能够完全传播到样本空间的所有角落，因为 DK 之间可能没有足够的共享值将它们联系在一起。例如，在 E-mail、Phone Number 和 Password 中没有足够的共享值将 DK 联系在一起，制约了域间传播的范围，静态污染定位抽取方法只能找到不到一半的共享值，产生了一些漏报，导致召回率较低。

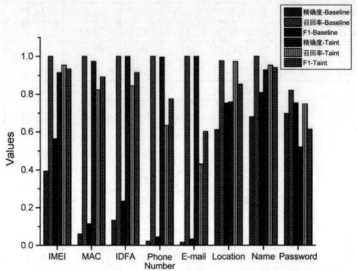

图 5.3　静态污染定位抽取方法与基线标定方法分别抽取 Value 的精确度、召回率和 F1 分数的对比图

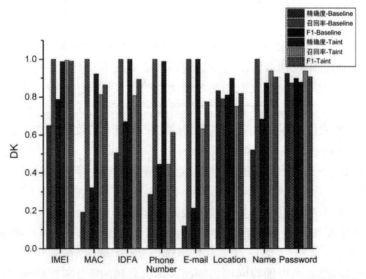

图 5.4　静态污染定位抽取方法与基线标定方法分别抽取 DK 的精确度、召回率和 F1 分数的对比图

　　根据先验知识,静态污染定位抽取方法的域内感染中可以使用各种规则作为约束函数,这些规则包括字符串长度常数、字符范围、正则表达式、词典、关键词语义、相似性等。在本次实验中,静态污染定位抽取方法采用基线标定方法的规则作为域内感染中用到的约束函数,规则如表 5.3 所示。对于规则的个人标识信息,通常可以使用正则表达式、字符串长度或字符范围来约束,例如,表示设备标识符、电话号码、电子邮件、纬度和经度的正则表达式可以用作约束函数,特别是 IMEI 只使用字符串长度和字符范围来表示。而非规则的个人标识信息可能没有有效约束函数进行域内感染的信息选择,只能忽略掉约束函数,比如在抽取 User Name 的算法中并没有有效的约束函数控制感染信息的选择,所以只能放弃约束函数。那么在这种情况下,需要在域间传播的过程中加入约束函数,采用关键词语义方法过滤 DK,达到域间传播过滤的要求。此外,也有可能同时在域间传播和域内感染过程中加入约束函数,例如,对于位置信息,一方面使用正则表达式匹配方法作为域内感染的约束函数,另一方面使用关键词语义方法作为域间传播的约束函数。虽然这样可以得到更高的精确度,但是添加的约束函数越多,召回率越低。在最坏的情况下,静态污染定位抽取方法中没有使用约束函数,因为我们可能找不到合适的约束函数。然而,它的结果有时可能会获得更多的召回率,原因是在信息流图的污染过程中可能会发现隐藏的 DK 和 Value,但是如果样本空间过大,静态污染定位抽取方法的计算性能将面临巨大的挑战。

　　相比基线标定方法,静态污染定位抽取方法取得了更好的结果,尤其是在设备标识符和用户名类型方面,原因是这些个人标识信息中有更多的共享信息值,可以使域间传播过程覆盖更大的样本空间。静态污染定位抽取方法抽取个人标识信息的结果中,总的召回率达到 94.04%,精确度达到 92.37%。相应地,基线标定方法提取个人标识信息的召回率达到 99.79%,但是精确度只达到 40.99%。这是由于大量的误报样本产生了“过度污染”。总的来说,静态污染定位抽取方法平衡了召回率与精确度之间的关系,以牺牲少量召回率为代价达到了较高精确度,避免了“过度污染”导致大量的误报。此外,用静态污染定位抽取方法抽取个人标识信息具有良好的性能,但不限于只抽取个人标识信息。为了给出适当的输入(污染值)和约束函数,静态污染定位抽取方法可以自动准确地找到其他目标信息,例如时间戳。

5.4 方法性能的优化与改进

本节将提出三个静态污染定位抽取方法性能优化与改进的方法，包括约束函数优先过滤(CF-FIRST)方法、并行搜索(PS)方法和污染信息选择(SC)方法。这三种方法将相继应用到静态污染定位抽取算法中，以改进本章方法的计算性能。利用一台多核 Linux X86 64 位架构服务器进行数据处理和计算。服务器配置 2 个 32 核 CPU，型号是 Inter(R)Xeon(R)E7-4820 2.0 GHz，64 GB 的内存和 7.2 TB 的硬盘容量。

约束函数优先过滤方法是指通过前置约束函数减少算法搜索的样本空间以及空间复杂度，以提高算法的计算性能。

并行搜索方法是指利用并行计算的思想，提升算法每轮次中匹配目标的数量，减少算法搜索的轮次，降低算法的时间复杂度。

污染信息选择方法是指确保算法选取一个最佳的输入信息，减少算法搜索的轮次，降低算法的计算开销。

静态污染定位抽取方法的计算开销是样本空间大小(SSS)与算法搜索样本空间轮次的乘积。数据集中的每一行包含 3 个固定维度 $\{D,K,V\}$ 的信息。因此，样本空间大小取决于数据集中的行数，可表示为

$$\mathrm{SSS} = \sum \mathrm{COUNT}(D,K,V) \tag{5.6}$$

算法搜索的轮次取决于算法搜索信息的数量，即抽取信息的数量。假设抽取的域 DK 数量为 n，那么算法搜索的轮次为每个域 DK 内包含信息的数量。但所有域中会出现重复的信息 Value，这些重复的信息在算法中不进行重复的搜索，所以算法搜索的实际轮次等于信息 Value 的数量，记作 m。算法搜索的轮次可表示为

$$
\begin{aligned}
\mathrm{Rounds} &= \frac{1}{2}\sum_{n=1}^{n}\mathrm{COUNT}[\mathrm{Value}(\mathrm{DK}_n)]+1 \\
&= \frac{1}{2}\mathrm{COUNT}(\{V_1,V_2 \in \mathrm{DK}_1\},\{V_1,V_3,V_4 \in \mathrm{DK}_2\} \\
&\quad ,\cdots,\{V_4,V_6,V_8 \in \mathrm{DK}_9\},\cdots,\{V_m \in \mathrm{DK}_n\})+1 \\
&= m
\end{aligned} \tag{5.7}
$$

由表 5.1 可知，假设静态污染定位抽取方法的样本空间大小，即数据的行数 $l = 100$，那么在这个样本空间中，抽取 $n = 9$ 域内包含信息 Value 的数量 $m = 15$，则计算开销为

$$O = \text{SSS} \times \text{Rounds}$$

$$= l \times \left\{ \frac{1}{2} \sum_{n=1}^{n} \text{COUNT}[\text{Value}(\text{DK}_n)] + 1 \right\}$$

$$= l \times \left[\left(\frac{1}{2} \text{COUNT}(\{V_1, V_2 \in \text{DK}_1\}, \{V_1, V_3, V_4 \in \text{DK}_2\}, \right. \right.$$

$$\left. \cdots, \{V_4, V_6, V_8 \in \text{DK}_9\}, \cdots, \{V_m \in \text{DK}_n\}) + 1 \right]$$

$$= 100 \times m = 100 \times 15 = 1500 \tag{5.8}$$

在这个样本空间中，信息 Value 的数量为 15，表明数据集中有 15 行数据。同时，15 个信息又被 9 个域的 DK 包含，所以样本空间大小为 100，算法搜索的轮次为 15，则本章方法的计算开销为 1500。因此，如果需要改进静态污染定位抽取方法的计算性能，必须从空间复杂度和时间复杂度入手，即减小样本空间大小，降低算法的搜索轮次。下面将详细介绍 CF-FIRST、PS 和 SC 方法如何优化算法的计算性能，以及主要利用 IMEI 数据展示本章方法实际计算性能优化的效果。

5.4.1　约束函数优先过滤方法

约束函数优先过滤方法通常会面对海量数据，巨大的样本空间会消耗大量的计算空间。约束函数优先过滤方法将约束函数的数据过滤提前，能够过滤和清洗掉不相关的数据，达到减少样本空间大小的目的。

将真实数据集经过数据预处理后，样本空间大小 $\text{SSS} = 33\ 703\ 512$。而实验抽取的 8 种类型个人标识信息经过约束函数预先过滤得到的样本空间大小为 $818\ 295$，利用约束函数优先过滤方法减小后的样本空间是原来样本空间的 2.4279%，如表 5.6 所示。以 IMEI 为例，约束函数优先过滤方法将样本空间大小由 $\text{SSS} = 33\ 703\ 512$ 减小到 $\text{SSS} = 107\ 077$，减小后的样本空间只占原有样本空间的 0.3177%。将约束函数优先过滤方法加入到静态污染定位抽取方法中执行后，计算时间由原有的 3 天 6 小时 33 分 52 秒 740 911 缩减到 15 分 20 秒 720 231。由此可见，利用约束函数优先过滤方法优化后的计算时间缩减到原有计算时间的 0.3253%。

表 5.6　CF-FIRST 方法使用前后的样本空间大小比较

种类	类型	样本空间大小	百分率/%
用户标识信息	User Name/ID, Nick Name	322 754	0.9576
	Password	1118	0.0033
	E-mail	30 944	0.0918
机器标识信息	IMEI	107 077	0.3177
	MAC 地址	145 472	0.4316
	IDFA	145 788	0.4326
联系信息	Phone Number	40 060	0.1189
位置信息	GPS(Latitude and Longitude)	24 992	0.0742
总计		818 295	2.4279

5.4.2　并行搜索方法

为了进一步提升本章方法的性能，降低其计算时间开销，本节借鉴并行计算的思想，提出并行搜索方法，以降低算法搜索轮次。在原始方法中采用单线程匹配方式，每次搜索样本空间时，只匹配一个目标元素。而在并行搜索方法中，本章方法将采用多线程方法，在一次搜索中匹配多个目标元素。

例如，在图 5.2 所示的静态污染定位抽取方法流程中，每一个抽取到的信息都需要算法搜索样本空间一轮次，即算法的搜索轮次等于在样本空间中抽取到信息的数量。原始方法需要 15 个轮次才能使广度优先搜索算法收敛，并将搜索覆盖到所有样本空间，召回全部抽取结果。

在实际过程中，静态污染定位抽取方法在每次域内感染和域间传播过程中可能会分别抽取多个信息 Value 和 DK，并行搜索方法将这些上一轮次中抽取的信息 Value 和 DK 在下一个轮次内全部匹配。

并行搜索算法同样基于广度优先搜索算法。在初始情况下：

第一步：选择输入信息 V_1 作为初始的污染信息，插入到 ValueList。此时，DKList 为空。进而执行算法的第 1 轮次(Round 1)，即以信息 V_2 作为共享值执行域间传播，得到域 DK_1,DK_2。

第二步：执行算法的第 2 轮次(Round 2)。执行域内感染，从上一轮抽取的所有域 DK_1,DK_2 中搜索到信息 V_2,V_3,V_4。然后以信息 V_2,V_3,V_4 作为共享值执行域间传播，得到域 DK_6,DK_3,DK_9。输出的结果中 ValueList = $[V_1,V_2,V_3,V_4]$, DKList = $[DK_1,DK_2,DK_6,DK_3,DK_9]$。

　　第三步：执行算法的第 3 轮次(Round 3)。执行域内感染，从上一轮抽取的所有域 DK_6,DK_3,DK_9 中搜索到信息 $V_9,V_{15},V_{10},V_{13},V_{11}$。然后以信息 V_9,V_{15},V_{10},V_{13}, V_{11} 作为共享值执行域间传播，得到域 DK_8。输出的结果中 ValueList = $[V_1,V_2$, $V_3,V_4,V_{12},V_{14},V_6,V_7,V_5,V_8]$, DKList = $[DK_1,DK_2,DK_6,DK_3,DK_9,DK_7,DK_5,DK_4]$。

　　第四步：执行算法的第 4 轮次(Round 4)。执行域内感染，从上一轮抽取的所有域 DK_7,DK_5,DK_4 中搜索到信息 V_3,V_4。然后以信息 V_4 作为共享值执行域间传播，得到域 DK_9。输出的结果中 ValueList = $[V_1,V_2,V_3,V_4,V_{12},V_{14},V_6,V_7,V_5,V_8,V_9$, $V_{15},V_{10},V_{13},V_{11}]$ 和 DKList = $[DK_1,DK_2,DK_6,DK_3,DK_9,DK_7,DK_5,DK_4,DK_8]$。

　　最终，算法经过 4 个轮次收敛。每次搜索样本空间时，算法都会匹配所有上一轮搜索得到的信息 Value 和 DK。这样的并行搜索过程降低了算法执行的轮次，从原来执行 15 轮次降低到 4 个轮次。

　　同样，在 CF-FIRST 方法的基础上，继续应用并行搜索方法降低检测 IMEI 属性个人标识信息的算法执行轮次。并行搜索方法将算法执行轮次从 6798 减少到 9。并行搜索方法随算法执行轮次增长的过程中，信息 Value 和 DK 的召回率收敛过程分别如图 5.5 和图 5.6 所示。计算时间开销从 15 分 20 秒 72 减少到 43 秒 75，执行轮次和执行时间分别是原始方法的 0.1324% 和 4.6739%，如图 5.7 所示。

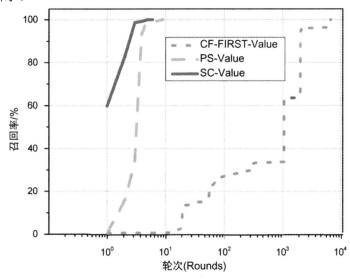

图 5.5　三种性能优化方法随算法轮次变化过程中 Value 的召回率收敛

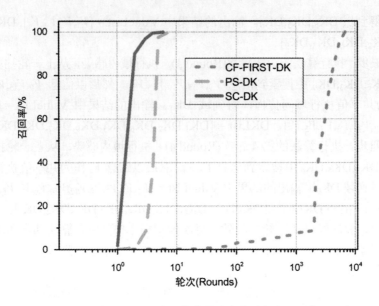

图 5.6　三种性能优化方法随算法轮次变化过程中 DK 的召回率

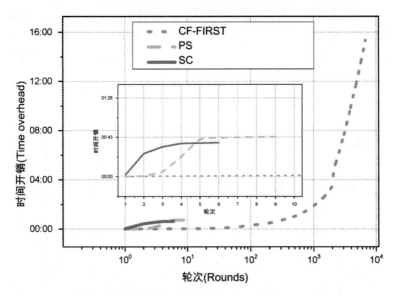

图 5.7　三种性能优化方法随算法轮次变化过程中的计算时间开销

　　并行搜索方法具体的输入为污染信息、数据集以及按照输入的污染信息提取的规则。算法执行过程中，在每个轮次交替执行域内感染和域间传播，按照抽取信息的规则分别加入约束函数，直到没有搜索到新的信息 Value 与 DK

为止。并行搜索方法实际上是通过减少算法轮次与算法收敛过程来降低计算
开销。

5.4.3　污染信息选择方法

静态污染定位抽取方法还面临一个额外的问题：是否每个输入的污染信息，算法都可以达到最快收敛。当静态污染定位抽取方法通过宽度优先搜索方法用于遍历图时，在不同的开始顶点，轮次不是唯一的。在 PS 中，如果我们为输入选择不同的污染值，那么轮次也会发生变化。因此，当随机选择用于选择 PS 内的污染值时，它是不稳定的，因为有时无法获得最佳算法收敛结果。

污染信息选择方法用于在所有样本中选取最佳的污染信息。该污染信息被当作算法的输入后，算法能够最快收敛。污染信息选择方法通过计算首轮污染因子(First Taint Factor，FTF)选取最佳的污染信息。首轮污染因子等于两个统计数值的乘积，这两个数值分别是包含信息 Vaule 的数量和域 DK 内含有信息的数量，即根据首轮域内感染和域间传播过程分别统计的两个数值。具体流程参见算法 2。

算法2　静态污染定位抽取并行算法

Input: Tainting-Value, DataSet, CONDITION_RULES(Tainting-Value);
Output: ValueList, DKList
 1: Initial ValueList = ∅, DKList = ∅
 2: ValueList=TempValueList ⇐ Tainting-Value;
 3: // 选择污染信息 Tainting-Value 作为输入，并插入到列表 ValueList 和 TempValueList
 4: Constraint Function ⇐ CONDITION_RULES(Tainting-Value);
 5: // 根据个人标识信息的类型，选择合适的约束函数的规则.
 6: **while** TempDKList == TempValueList == ∅ **do**
 7: 　**for** Line ← DataSet **do**
 8: 　　// 执行域间传播
 9: 　　TempDKList = ∅
10: 　　**if** (Line[Value] ∈ TempValueList) **and** (Line[DK] ∉ DKList) **and** CONDITION((Line[Key])== Constraint Function(Key)) **then**
11: 　　　// 将搜索到新出现的 DK 加入到列表 TempDKList 和 DKList;
12: 　　　TempDKList ⇐ Line[DK]
13: 　　　DKList ⇐ Line[DK];
14: 　　**end if**
15: 　**end for**
16: 　**for** Line ← DataSet **do**
17: 　　// 执行域内感染
18: 　　TempValueList = ∅
19: 　　**if** Line[DK] ← TempDKList **and** Line[Value] ∉ ValueList **and** CONDITION(Line[Value]) == Constraint Function(Value) **then**
20: 　　　TempValueList ⇐ Line[Value]
21: 　　　ValueList ⇐ Line[Value]
22: 　　**end if**
23: 　**end for**
24: **end while**
25: **return** DKList, ValueList

假设，样本空间中共有 m 个信息 Value，记作 V_m，并且该信息 V_m 被 k 个域 DK 包含，则可以计算出信息 V_m 的首轮污染因子：

$$\text{FTF}_{v_m} = k \sum_1^k \text{COUNT}(\text{Value} \mid \text{Value} \in \text{DK}_k) \tag{5.9}$$

首先，根据表 5.1 和表 5.2 可知，V_1 的首轮污染因子 $\text{FTF}V_1 = 2 \times (2 + 4) = 12$。根据式(5.9)，计算全部 15 个信息 Value 的首轮污染因子，并按照首轮污染因子数值大小排序得到序列 $[V_8, V_9, V_5, V_7, V_{10}, V_4, V_6, V_{11}, V_{14}, V_1, V_3, V_{12}, V_2, V_{13}, V_{15}]$。在计算所有信息 Value 的首轮污染因子时，有可能出现相同的结果。例如，信息 V_8, V_9 的首轮污染因子都等于 18。那么，污染信息选择方法无论是选择 V_8 作为输入算法的污染信息，还是选择 V_9 作为输入算法的污染信息，都可以将算法搜索轮次的数量从 4 减少到 3。因此，污染信息选择方法可以有效缩减算法搜索轮次，改进定位抽取方法的计算开销。

其次，实验应用污染信息选择方法抽取样本空间内的信息 IMEI，测试方法的计算性能。污染信息选择方法将搜索轮次从 9 减少到 6，计算时间开销从 43 秒 75 减少到 37 秒 22，如图 5.7 所示。这表明污染信息选择方法能够有效降低算法执行的轮次，提升计算性能。

最后，实验证明并不是将所有污染信息作为算法的输入都能够得到最佳的结果，或者获得最快速的算法收敛过程。实验继续抽取 IMEI 信息，将所有 IMEI 的信息 Value 作为算法输入的污染信息，结果如图 5.8 和图 5.9 所示。实验分别通过信息 Value 数量收敛和域 DK 数量收敛的两个过程，展示所有信息 Value 作为污染信息输入到算法中的结果。将所有信息 Value 作为算法输入的污染信息产生的三种情况，按照计算性能从高到低排序为：最小轮次最佳结果(Smallest Rounds for Best Result)、最佳结果(Best Result)和其他结果(Other Result)。最小轮次最佳结果表示算法既以最快速度收敛又召回了所有样本。最佳结果表示算法虽然没有以最快速度收敛，但是也召回了所有样本。其他结果表示算法没有召回所有样本。实验结果显示，将所有 IMEI 作为算法输入的污染信息，其中：4.60%的输入污染信息获取其他结果，90.96%的输入污染信息获得最佳结果，但是只有 4.44%的输入污染信息获得最小轮次最佳结果(6 轮次收敛)。

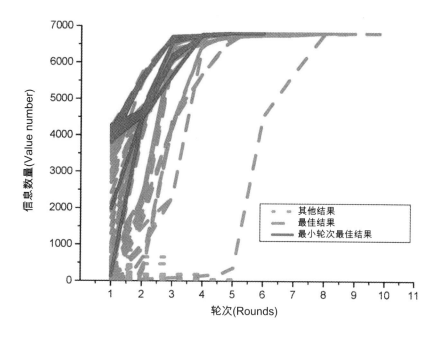

图 5.8　信息 Value 数量随算法搜索轮次变化的结果比较图

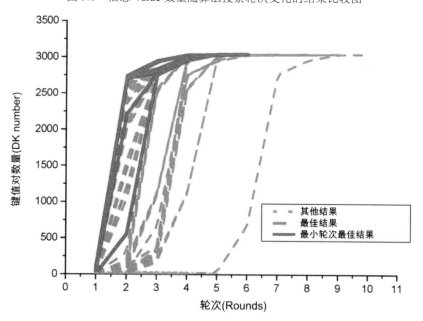

图 5.9　域 DK 数量随算法搜索轮次变化的结果比较图

　　本章针对高带宽网络带来的大规模稀疏网络数据导致检测方法性能欠佳的问题提出了基于静态污染的个人标识信息定位抽取方法。根据图论的理论模型，应用图的遍历算法建立静态污染定位抽取方法，研究了个人标识信息定位抽取方法，提高了隐私泄露检测方法的性能。首先，用输入的污染信息值作为共享值，建立域间关系；其次，通过域内感染和域间传播两个循环迭代过程，收敛算法构建信息流图；再次，在域内感染或域间传播中增加约束函数，分别控制域内感染的范围和域间传播的方向；最后，根据构建的信息流图定位抽取出个人标识信息。此外还提出了约束函数预先过滤方法、并行搜索方法和污染信息选择方法。这三种性能优化方法从减少样本空间大小、降低算法执行轮次和优化算法搜索路径等方面，降低了算法的空间复杂度和时间复杂度，提升和优化了算法的计算性能。实验结果表明，基于静态污染的个人标识信息定位抽取方法能够自动、准确、快速地抽取个人标识信息，且经过优化后检测性能和计算性能得到了显著提升。

第6章

基于信息向量空间模型的
个人标识信息分类方法

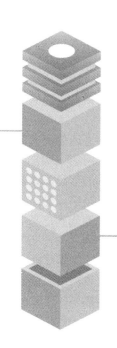

本章介绍了个人标识信息的相关性和概率分布情况，并提出了一种基于信息向量空间模型的个人标识信息分类方法。

6.1　基于信息向量空间模型的个人标识信息分类方法的基本思路与动机

前面介绍的两种个人标识信息隐私泄露检测方法主要基于相同语义的分类假设：用户访问相同的 Domain-Key 中传输相同类型的信息 Value。这些 Domain-Key 及其传输的信息 Value 分别属于单一类型或语义。但是在实际情况中，Domain-Key 中传输的信息 Value 可能属于不同的类型，即信息 Value 会出现"一词多义"和"多词一义"的情况。那么，由这些信息 Value 表示的 Domain-Key 的类型也不是唯一的。也就是说，Domain-Key、信息 Value 与类型并不是一一对应的，Domain-Key 及其传输的信息 Value 可能属于多个类型，应该服从信息与类型之间相关的概率分布，研究这些概率分布可以揭示个人标识信息之间的相关性，为评估隐私泄露风险提供依据。

本章拟参考文本分类中的统计学习方法计算各个服务-位置、信息与类型之间的概率分布，以揭示它们之间的相关性，解决个人标识信息相关性模糊的问题。网络流量中个人标识信息隐私泄露检测问题本质是抽取网络流量中含有的信息，并解释其语义，消除信息的语义歧义性，因此可以将其转化为文本分类的问题。然而，在传统的向量空间模型中，假设特征相互独立，并不能有效地找到信息的潜在语义联系，也不能更精细地描述网络流量中传输的不同信息语义的分布特点，无法达到准确分类个人标识信息的目的。

本章提出了一种基于信息向量空间模型的个人标识信息分类方法：首先，通过网络流量分析技术抽取网络流量中传输的特征文本信息；其次，结合文本分类模型，建立了基于三层贝叶斯的生成模型；再次，通过数据样本训练得到模型参数，自动将服务-位置及其传输的信息表征为向量，得到服务-位置、信息与类型之间的概率分布；最后，根据模型推测新服务-位置的类型概率分布，消除个人标识信息抽取过程中语义歧义等问题，为研究个人标识信息之间的相关性提供基础。

6.2　基于信息向量空间模型的个人标识信息分类方法的描述

本节通过数据转化及问题描述、生成模型、训练模型和推测模型四个部分详细介绍了基于信息向量空间模型的个人标识信息分类方法构建的原理和过程。

6.2.1　数据转化及问题描述

网络流量数据通过网络流量协议分析选取特征信息(参见 3.2.3)并将其转化为文本格式数据。文本格式数据通过预处理过程，最终变成含有 4 个维度的样本空间 SampleSpace = {Domain,Key,Value,Frequency}(参见 3.2)。利用这 4 个维度的特征信息，可以充分表示用户的网络行为特征。网络行为特征的具体含义为用户访问网络服务 Domain 时，在相同位置 Key 传输了不同信息 Value，而且每个信息的传输频率为 Frequency。详细程序代码参见附录 4.1。

根据用户的行为特征建立用户行为特征树模型，如图 6.1 所示。每棵用户行为特征树以 DK 为根，以信息 V 为孩子节点，以每个信息传输的频率为叶子节点，表示用户在此服务−位置上传输的不同信息及其传输的频率。

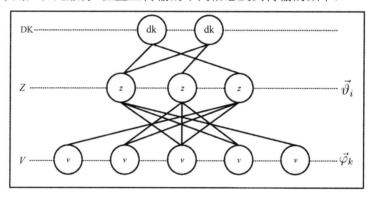

图 6.1　用户行为特征树模型示意图

基于信息向量空间模型的个人标识信息分类方法依照文本分类的理论，将相同 DK 内传输的若干信息 V 看作一个文本数据，则个人标识信息分类的问题可以描述为 $C = DK \times V \rightarrow Z$：{TURE,FALSE}，其中 DK = $\{dk_1,dk_2,\cdots,dk_m\}$ 表示需要进行分类的服务−位置，$V = \{v_1,v_2,\cdots,v_{N_m}\}$，$Z = \{z_1,z_2,\cdots,z_k\}$ 表示预定义的分类体系下的类型集合(即个人标识信息的类别集合)。TURE 值表示对于 $<dk_m,z_k>$ 来说，文档 dk_m 属于类 z_k。而 FALSE 值则表示文档 dk_m 不属于 z_k。该方法的目的是要找到一个有效的映射函数，准确地实现域 $\boldsymbol{\Phi}$：$DK \times Z \rightarrow$ {TURE, FALSE}的映射，即一个人标识信息的分类器。

用户访问不同服务时，可以给出其中不同位置传输的个人标识信息类型的概率分布形式，从而确定服务−位置内传输的信息的类型。因此，本章方法主要需要解决的问题是给定一个服务−位置，并推断出其传输信息的类型。

下面主要建立信息向量化模型，将信息转化为高维度的向量，以更好地进行信息分类。信息向量化模型的建立过程分为三个步骤：生成模型、训练模型和推测模型。生成模型的主要作用是构建数学模型和生成算法过程。训练模型的主要作用是求解模型中未知的概率分布参数。推测模型的主要作用是预测新加入的服务-位置的类型，并建立信息向量化模型。

6.2.2　生成模型

通过概率分布描述网络流量产生数据的过程，建立一个信息向量生成模型，如图 6.2 所示。该生成模型认为网络流量中每个服务-位置及其中传输的信息都是通过概率选择过程生成的。生成过程如下：首先以一个概率分布选择 DK 类型，然后从这个类型中以另一个概率分布选择某个信息 V。如果需要生成任意网络流量，则 DK 中每个信息 V 出现的概率为

$$p(V \mid \text{DK}) = \sum_{z=1}^{Z} p(V \mid Z) \times p(Z \mid \text{DK}) \tag{6.1}$$

其中，Z 表示服务-位置的类型。式(6.1)的条件概率也可以表示为矩阵乘法形式，如图 6.3 所示。等式左边的 C 矩阵表示每个 DK 中每个信息 V 出现的概率 $p(V \mid \text{DK})$；等式右边的 $\boldsymbol{\Phi}$ 矩阵表示每个类型 Z 中每个信息 V 出现的概率 $p(V \mid Z)$，$\boldsymbol{\Theta}$ 矩阵表示每个 DK 中每个类型 Z 出现的概率 $p(Z \mid \text{DK})$。

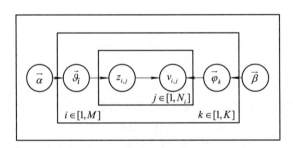

图 6.2　信息向量生成模型图

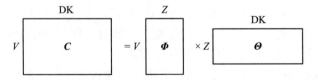

图 6.3　矩阵乘法形式图

假设在若干 DK 中传输若干个信息 V。那么，第 i 个服务-位置 dk_i 中的第

j 个信息 $v_{i,j}$ 的生成模型如图 6.2 所示。生成模型的构建由以下两个过程组成。

过程 1：$\vec{\alpha} \rightarrow \vec{\vartheta}_i \rightarrow z_{i,j}$。这个过程表示生成第 i 个服务-位置时，先从狄利克雷(Dirichlet)先验参数 $\vec{\alpha}$ 随机选取 DK_i 的类型概率分布 $\vec{\vartheta}$，再从多项概率分布 $\vec{\vartheta}$ 中随机选取第 j 个信息 $v_{i,j}$ 的类型 $z_{i,j}$。

过程 2：$\vec{\beta} \rightarrow \vec{\varphi}_k \rightarrow v_{i,j} \,|\, k = z_{i,j}$。这个过程表示生成第 i 个服务-位置中传输的第 j 个信息 $v_{i,j}$，即从狄利克雷(Dirichlet)先验参数 $\vec{\beta}$ 中选择 $k = z_{i,j}$ 的多项概率分布 $\vec{\varphi}_k$，并从 $\vec{\varphi}_k$ 中随机选取传输信息 $v_{i,j}$。

重复上述两个过程，可以得到生成服务-位置 dk_m 以及其中传输的所有信息。生成模型的算法过程描述参见算法 3，详细程序代码参见附录 4.1。

算法3　信息向量化生成模型算法描述

Input: K，$\vec{\alpha}$，$\vec{\beta}$
Output: $\vec{\varphi}$，$\vec{\vartheta}$
1: // 类型级别
2: **for all** Z：$k \in [1, K]$ **do**
3: 　$\vec{\varphi}_k \sim \text{Dirichlet}(\vec{\beta})$
4: **end for**
5: // 服务-位置级别
6: **for all** dk：$i \in [1, M]$ **do**
7: 　$\vec{\vartheta}_i \sim \text{Dirichlet}(\vec{\alpha})$
8: 　$N_i \sim \text{Poisson}(\xi)$
9: 　// 信息级别
10: 　**for all** Value：$j \in [1, N_i]$ **in** dk_i **do**
11: 　　// 选取信息类型
12: 　　$z_{i,j} \sim \text{Multinomial}(\vec{\vartheta}_i)$
13: 　　// 选取具体信息
14: 　　$v_{i,j} \sim \text{Multinomial}(\vec{\varphi}_{z_{i,j}})$
15: 　**end for**
16: **end for**
17: **return** $\vec{\varphi}_k$，$\vec{\vartheta}_i$

假设 M 为 DK 的总数，K 为类型 Z 的总数。在不同 DK 中传输的不同信息构成信息词汇表，其中每个信息标识的序号为 term(记作 t)，信息词汇表中信息的数量为 L。由此可知，对于一个服务-位置 dk_i 的所有变量的联合概率分布为

$$p(\vec{v}_i, \vec{z}_i, \vec{\vartheta}, \boldsymbol{\Phi} \,|\, \vec{\alpha}, \vec{\beta}) = \prod_{j=1}^{N_i} p(v_{i,j} \,|\, \vec{\varphi}_{z_{i,j}}) p(z_{i,j} \,|\, \vec{\vartheta}_i) \cdot (\vec{\vartheta}_i \,|\, \vec{\alpha}) \cdot p(\boldsymbol{\Phi} \,|\, \vec{\beta}) \qquad (6.2)$$

在 dk_i 中，一个信息 t 出现的概率为

$$p(v_{i,j} = t \,|\, \vec{\vartheta}_i, \boldsymbol{\Phi}) = \sum_{k=1}^{K} p(v_{i,j} = t \,|\, \vec{\varphi}_k) p(z_{i,j} = k \,|\, \vec{\vartheta}_i) \qquad (6.3)$$

则由每个信息出现的概率可以计算出包含所有服务-位置及其传输信息的网络流量数据集 C 的生成概率，即

$$p(C|\boldsymbol{\Theta},\boldsymbol{\Phi}) = \prod_{i=1}^{M} p(\vec{v}_i|\vec{\vartheta}_i,\boldsymbol{\Phi}) = \prod_{i=1}^{M} \prod_{j=1}^{N_i} p(\vec{v}_{i,j}|\vec{\vartheta}_i,\boldsymbol{\Phi}) \tag{6.4}$$

其中，N_i 是第 i 个 dk_i 传输的信息的数量，$\vec{\alpha}$ 是每个服务-位置中类型的多项分布的 Dirichlet 先验参数，$\vec{\beta}$ 是每个类型中信息的多项分布的 Dirichlet 先验参数。$v_{i,j}$ 是第 i 个服务-位置中的第 j 个信息，$z_{i,j}$ 是第 i 个服务-位置中的第 j 个信息的类型。隐含的两个变量 $\vec{\vartheta}$ 和 $\vec{\varphi}_k$ 分别表示第 i 个 dk 中类型的概率分布和第 k 个类型下信息的概率 i 分布，前者是 K 维度的向量，后者是 L 维度的向量。

由此可知，基于信息向量空间模型方法的目标是估计两个未知参数：$p(t|z=k)=\vec{\varphi}_k$（即每个类型中 t 的概率分布）和 $p(z|z=k)=\vec{\varphi}_k$（即每个 dk 对应的类型概率分布）。最终估计出两个参数：$\boldsymbol{\Phi}=\{\vec{\varphi}\}_{k=1}^{K}$ 和 $\boldsymbol{\Theta}=\{\vec{\vartheta}_i\}_{i=1}^{M}$。

6.2.3 训练模型

信息向量化建模的核心计算问题就是使用观测到的信息来推测服务-位置的类型结构，这也可以看作是生成过程的逆过程——训练过程。基于信息向量空间模型的个人标识信息分类方法的目标是找到每一个服务-位置的类型概率分布和类型中信息的概率分布。为此，基于信息向量空间模型的个人标识信息分类方法使用 Gibbs 采样算法估计上述两个未知概率分布。

在 Gibbs 采样法的估计过程中，首先 $\vec{\alpha}$ 和 $\vec{\beta}$ 是给定的先验参数，目标是得到每个 $z_{i,j}$ 与 $v_{i,j}$ 分别对应的整体 $\vec{z}$ 与 $\vec{v}$ 的概率分布。整体 $\vec{z}$ 与 $\vec{v}$ 的概率分布分别表示服务-位置类型的概率分布和类型信息的概率分布。由于采用 Gibbs 采样法，因此对于要求的目标概率分布，需要得到对应概率分布的各个特征维度的条件概率分布。具体来说，已知所有服务-位置传输的所有信息向量 $\vec{v}$，求所有服务-位置的整体类型分布 $\vec{z}$。假设可以先求出联合分布 $p(\vec{v},\vec{z})$，进而可以求出某个信息 $v_{i,j}$ 对应的类型 $z_{i,j}$ 的条件概率 $p(z_{i,j}=k|\vec{v},\vec{z}_{\neg(i,j)})$，其中 $\vec{z}_{\neg(i,j)}$ 表示去掉信息 $v_{i,j}$ 后的类型概率分布。由此可以使用 Gibss 采样算法的条件概率分布 $p(z_{i,j}=k|\vec{v},\vec{z}_{\neg(i,j)})$ 去模拟 $p(\vec{v},\vec{z})$。

如果通过采样得到所有信息的类型，那么统计所有信息的类型数量就可以得到各个类型中信息的概率分布 $\boldsymbol{\Phi}$。继而，统计各个服务-位置传输信息的类型数量，就可以得到各个服务-位置的类型概率分布 $\boldsymbol{\Theta}$。由此可知，要使用 Gibbs 采样算法估计未知参数，关键是要求解条件概率 $p(z_{i,j}=k|\vec{v},\vec{z}_{\neg(i,j)})$。

在所有变量的联合概率分布式(6.2)中，$\vec{\alpha}$ 产生类型分布 $\vec{\vartheta}_i$，$\vec{\vartheta}_i$ 确定具体类型 $z_{i,j}$，同时，$\vec{\beta}$ 产生信息分布 $\vec{\varphi}_k$，$\vec{\vartheta}_i$ 确定具体信息 $v_{i,j}$，所以上述联合概率分布可以等价于联合概率分布 $p(\vec{v},\vec{z})$：

$$p(\vec{v},\vec{z}\,|\,\vec{\alpha},\vec{\beta}) = p(\vec{v}\,|\,\vec{z},\vec{\beta})p(\vec{z}\,|\,\vec{\alpha}) \tag{6.5}$$

其中，等式右边第一项因子 $p(\vec{v}\,|\,\vec{z},\vec{\beta})$ 是按照已确定的类型 $\vec{z}$ 和信息概率分布的先验概率分布参数 $\vec{\beta}$ 采样信息的过程，第二项因子 $p(\vec{z}\,|\,\vec{\alpha})$ 是按照类型概率分布的先验概率分布参数 $\vec{\alpha}$ 采样类型的过程。这两项的计算过程如下。

首先，给出 Dirichlet 分布的表达式：

$$\mathrm{Dirichlet}(\vec{p}\,|\,\vec{\alpha}) = \frac{1}{\Delta(\vec{\alpha})}\prod_{k=1}^{K}p_k^{\alpha_k-1} \tag{6.6}$$

然后，因为过程 $1\,\vec{\alpha}\to\vec{\vartheta}_i\to z_{i,j}$ 组成了 Dirichlet-Multinomial 共轭结构，所以第 i 个服务-位置 dk 的类型 z_i 的条件概率分布计算如下：

$$
\begin{aligned}
p(\vec{z}_i\,|\,\vec{\alpha}) &= \int p(\vec{z}_i\,|\,\vec{\vartheta}_i)p(\vec{\vartheta}_i\,|\,\vec{\alpha})\mathrm{d}\vec{\vartheta}_i \\
&= \int \prod_{k=1}^{K}p_k^{n_i^{(k)}}\mathrm{Dirichlet}(\vec{\alpha})\mathrm{d}\vec{\vartheta}_i \\
&= \int \prod_{k=1}^{K}p_k^{n_i^{(k)}}\frac{1}{\Delta(\vec{\alpha})}\prod_{k=1}^{K}p_k^{\alpha_k-1} \\
&= \frac{1}{\Delta(\vec{\alpha})}\int \prod_{k=1}^{K}p_k^{n_i^{(k)}+\alpha_k-1} \\
&= \frac{\Delta(\vec{n}_i+\vec{\alpha})}{\Delta(\vec{\alpha})}
\end{aligned}
\tag{6.7}
$$

其中，在第 i 个 dk 中，第 k 个类型中的信息个数表示为 $n_i^{(k)}$，对应的多项分布的计数可以表示为

$$\vec{n}_i = \left[n_i^{(1)},n_i^{(2)},\cdots,n_i^{(K)} \right] \tag{6.8}$$

最后，得到所有 DK 的类型条件概率分布为

$$p(\vec{z}\,|\,\vec{\alpha}) = \prod_{i=1}^{M}\frac{\Delta(\vec{n}_i+\vec{\alpha})}{\Delta(\vec{\alpha})} \tag{6.9}$$

同理，可以得到第 k 个类型对应的信息的条件概率分布：

$$p(\vec{v}\,|\,\vec{z},\vec{\beta}) = \prod_{k=1}^{K} p(\vec{v}_k\,|\,\vec{z},\vec{\beta}) = \prod_{k=1}^{K} \frac{\Delta(\vec{n}_k + \vec{\beta})}{\Delta(\vec{\beta})} \tag{6.10}$$

其中，第 k 个类型中，第 l 个信息的个数标识为 $n_k^{(l)}$，对应的多项分布的计数可以表示为

$$\vec{n}_k = \left[n_k^{(1)}, n_k^{(2)}, \cdots, n_k^{(L)} \right] \tag{6.11}$$

最终将式(6.9)和式(6.10)代入类型和信息的联合概率分布式(6.2)中：

$$p(\vec{v},\vec{z}) \propto p(\vec{v},\vec{z}\,|\,\vec{\alpha},\vec{\beta}) = p(\vec{v}\,|\,\vec{z},\vec{\beta})\,p(\vec{z}\,|\,\vec{\alpha})$$

$$= \prod_{i=1}^{M} \frac{\Delta(\vec{n}_i + \vec{\alpha})}{\Delta(\vec{\alpha})} \cdot \prod_{k=1}^{K} \frac{\Delta(\vec{n}_k + \vec{\beta})}{\Delta(\vec{\beta})} \tag{6.12}$$

由式(6.12)可以求解 Gibbs 采样算法需要的条件概率分布 $p(z_{i,j}=k|\vec{v}, z_{\neg(i,j)})$。由于第 i 个 dk 中的第 j 个信息 $v_{i,j}$ 是可以观察到的，因此有

$$p(z_{i,j}=k\,|\,\vec{v},z_{\neg(i,j)}) \propto p(z_{i,j}=k,\ v_{i,j}=t\,|\,\vec{v}_{\neg(i,j)},z_{\neg(i,j)}) \tag{6.13}$$

对于 $z_{i,j}=k, v_{i,j}=t$，只涉及一个服务-位置 dk_i 和一个类型 z_k，两个 Dirichlet-Multinomial 共轭，即 $\vec{\alpha} \rightarrow \vec{\vartheta}_i \rightarrow z_{i,j}$ 和 $\vec{\beta} \rightarrow \vec{\varphi}_k \rightarrow v_{i,j}\,|\,k=z_{i,j}$。剩下 $M+K-2$ 个 Dirichlet-Multinomial 共轭结构与 $z_{i,j}=k, v_{i,j}=t$ 也是独立的。由此去掉 $z_{i,j}=k, v_{i,j}=t$ 不会改变 Dirichlet-Multinomial 共轭结构，所以可以得到后验概率分布也是 Dirichlet 分布：

$$p(\vec{\vartheta}_i\,|\,z_{\neg(i,j)},v_{\neg(i,j)}) = \text{Dirichlet}(\vec{\vartheta}_i\,|\,n_{i,\neg(i,j)} + \vec{\alpha})$$

$$p(\vec{\varphi}_k\,|\,z_{\neg(i,j)},v_{\neg(i,j)}) = \text{Dirichlet}(\vec{\varphi}_k\,|\,n_{k,\neg(i,j)} + \vec{\beta}) \tag{6.14}$$

由此可以计算 Gibbs 采样算法需要的条件概率为

$$p(z_{i,j}=k\,|\,\vec{v},z_{\neg(i,j)}) \propto p(z_{i,j}=k,v_{i,j}=t\,|\,v_{\neg(i,j)},z_{\neg(i,j)})$$

$$= \int p(z_{i,j}=k,v_{i,j}=t,\vec{\varphi}_k\,|\,v_{\neg(i,j)},z_{\neg(i,j)})\mathrm{d}\vec{\vartheta}_i\mathrm{d}\vec{\varphi}_k$$

$$= \int p(z_{i,j}=k,\vec{\vartheta}_i\,|\,z_{\neg(i,j)},z_{\neg(i,j)}) \cdot$$

$$p(z_{i,j}=t,\vec{\varphi}_k)\,p(\vec{\varphi}_k\,|\,v_{\neg(i,j)},v_{\neg(i,j)})\mathrm{d}\vec{\vartheta}_i\mathrm{d}\vec{\varphi}_k$$

$$= \int p(z_{i,j}=k\,|\,\vec{\vartheta}_i)\,p(\vec{\vartheta}_i\,|\,z_{\neg(i,j)},v_{\neg(i,j)}) \cdot$$

$$p(v_{i,j}=t\,|\,\vec{\varphi}_k)\,p(\vec{\varphi}_k\,|\,z_{\neg(i,j)},v_{\neg(i,j)})\mathrm{d}\vec{\vartheta}_i\mathrm{d}\vec{\varphi}_k$$

$$
\begin{aligned}
&= \int \theta_{ik} \mathrm{Dirichlet}(\vec{\vartheta}_i \mid \vec{n}_{i,\neg(i,j)} + \vec{\alpha}) d\vec{\vartheta}_i \; \bullet \\
&\quad \int \varphi_{kt} \mathrm{Dirichlet}(\vec{\varphi}_k \mid \vec{n}_{k,\neg(i,j)} + \vec{\beta}) \mathrm{d}\vec{\varphi}_k \\
&= E_{\mathrm{Dirichlet}(\theta_i)}(\theta_{ik}) \; \bullet \; E_{\mathrm{Dirichlet}(\beta_k)}(\beta_{kt})
\end{aligned} \tag{6.15}
$$

两个 Dirichlet 后验分布在贝叶斯框架下的参数估计为 $E_{\mathrm{Dirichlet}(\theta_i)}(\theta_{ik})$ 和 $E_{\mathrm{Dirichlet}(\beta_k)}(\beta_{kt})$ 。

结合 Dirichlet 参数估计的公式为

$$
\begin{cases}
E_{\mathrm{Dirichlet}(\theta_i)}(\theta_{ik}) = \dfrac{n_{i,\neg(i,j)}^{(k)} + \alpha_k}{\displaystyle\sum_{k=1}^{K} n_{i,\neg(i,j)}^{(t)} + \alpha_k} \\[4mm]
E_{\mathrm{Dirichlet}(\beta_k)}(\beta_{kt}) = \dfrac{n_{k,\neg(i,j)}^{(t)} + \beta_k}{\displaystyle\sum_{t=1}^{L} n_{k,\neg(i,j)}^{(t)} + \beta_k}
\end{cases} \tag{6.16}
$$

结合式(6.15)与式(6.16)，最终得到 Gibbs 采样算法的公式为

$$
p(z_{i,j} = k \mid \vec{z}_{\neg(i,j)}, \vec{v}) \propto \frac{n_{i,\neg(i,j)}^{(k)} + \alpha_k}{\displaystyle\sum_{k=1}^{K} n_{k,\neg(i,j)}^{(t)} + \alpha_k} \; \bullet
$$

$$
\frac{n_{k,\neg(i,j)}^{(t)} + \beta_k}{\displaystyle\sum_{t=1}^{L} n_{k,\neg(i,j)}^{(t)} + \beta_k} \tag{6.17}
$$

由此可以使用式(6.17)得到所有信息的采样类型，然后利用所有采样得到的信息和类型的对应关系，得到每个 DK 中信息的类型概率分布 $\vec{\vartheta}_i$ 和每个类型中所有信息的概率分布 $\vec{\beta}_k$ 。统计所有信息的类型数量就可以得到各个类型中信息的概率分布 $\boldsymbol{\Phi}$ 。继而，统计各个服务-位置传输信息的类型数量，就可以得到各个服务-位置的类型概率分布 $\boldsymbol{\Theta}$ 。训练模型的算法过程参见算法 4，具体训练流程总结如下：

(1) 输入：选择合适的类型 K，选择合适的超参数 $\vec{\alpha}$ 与 $\vec{\beta}$ 。

(2) 对语库库 $\boldsymbol{C}$ 中每个 DK 中的每个信息都随机选择一个类型编号。

(3) 重新搜索语料库 $\boldsymbol{C}$，利用 Gibbs 采样公式更新所有信息的类型编号，并更新语料库中该信息的类型编号。

(4) 重复第(3)步，做基于坐标轴轮换的 Gibbs 采样，直到 Gibbs 采样算法

收敛。

(5) 统计语料库 C 所有 DK 中各个信息的类型的个数，得到所有 DK 中的各个类型的分布 $\vec{\vartheta}_i$；统计语料库中所有类型中的信息个数，得到所有类型中各个信息的分布 $\vec{\beta}_k$。训练模型详细程序代码参见附录 4.2。

算法4　信息向量化训练模型算法过程

Input: 信息向量 $\vec{v}$，超参数 $\vec{\alpha}$ 和 $\vec{\beta}$，类型数量 K
Output: 类型向量 $\vec{z}$，超参数 $\vec{\varphi}$ 和 $\vec{\vartheta}$，以及二项分布 $\boldsymbol{\Theta}$ 和 $\boldsymbol{\Phi}$

1: // 初始化
2: 初始化数值变量：$n_i^{(k)}$，n_i，$n_k^{(t)}$，n_k
3: **for all** $i \in [1, M]$ **do**
4: 　**for all** $j \in [1, N_i]$ in dk_i **do**
5: 　　// 按照二项分布 $\frac{1}{K}$ 选择信息的主题
6: 　　$z_{i,j} = k \sim \text{Multinomial}(1/K)$
7: 　　// 计算 dk_i 中类型的个数
8: 　　$n_i^{(k)} += 1$
9: 　　// 计算 dk_i 中类型的和
10: 　　$n_i += 1$
11: 　　// 计算类型 $z_{i,j}$ 中信息 term 为某个具体 t 的个数
12: 　　$n_k^{(t)} += 1$
13: 　　// 计算类型 $z_{i,j} = k$ 中各个信息 term 的和
14: 　　$n_k += 1$
15: 　**end for**
16: **end for**
17: // 重新搜索所有 DK，开始 Gibbs 采样
18: **while** not converged **do**
19: 　**for all** $i \in [1, M]$ **do**
20: 　　**for all** $j \in [1, N_i]$ in dk_i **do**
21: 　　　// 衰减：信息 $v_{i,j} = t$ 的类型为 $z_{i,j} = k$ 时
22: 　　　$n_i^{(k)} -= 1; n_i -= 1; n_k^{(t)} -= 1; n_k -= 1$
23: 　　　// 利用 Gibbs 采样公式(6.17)更新每个信息的类型
24: 　　　$k' \sim p(z_{i,j} | z_{\neg(i,j)}, \vec{v})$
25: 　　　// 采样：当信息 $v_{i,j} = t$ 更新为一个新值 $z_{i,j} = k'$ 时
26: 　　　$n_i^{(k)} += 1; n_i += 1; n_k'^{(t)} += 1; n_k' += 1$
27: 　　**end for**
28: 　**end for**
29: **end while**
30: // 算法收敛与估计参数输出
31: **return** $\vec{\varphi}_k$，$\vec{\vartheta}_i$，最终估计出两个参数：$\boldsymbol{\Phi} = \{\vec{\varphi}_k\}_{k=1}^K$ 和 $\boldsymbol{\Theta} = \{\vec{\vartheta}_i\}_{i=1}^M$

6.2.4　推测模型

推测模型根据训练模型推测出新出现服务-位置的类型。如果网络流量数据中出现新的服务-位置，那么在一般情况下，已知信息的类型不会发生改变，

所以 $\vec{\beta}_k$ 可以由训练模型的结果确定所有类型中信息分布参数 $\vec{\beta}_k$，由此只需要求解该服务-位置的类型分布参数。因此，在 Gibbs 采样时，$E_{\text{Dirichlet}(\beta_k)}(\beta_{kt})$ 已知，只要对 $E_{\text{Dirichlet}(\theta_i)}(\theta_{ik})$ 进行求解即可。推测模型具体算法描述如下，详细程序代码参见附录 4.4。

(1) 对应当前服务-位置中的各个信息都随机选择一个类型 z。

(2) 重新搜索当前服务-位置，利用 Gibbs 采样公式更新其中每个信息的类型。

(3) 重复第(2)步，执行基于坐标轴轮换的 Gibbs 采样，直到 Gibbs 采样收敛。

(4) 统计该服务-位置中各个信息的类型，得到该服务-位置的类型分布 $\vec{\vartheta}$。

综上所述，基于信息向量空间模型的个人标识信息分类方法首先利用特征选取将网络流量转化为文本数据集并进行数据预处理；其次，生成模型参照文本分类的理论知识，建立贝叶斯三层信息向量模型；再次，训练模型通过 Gibbs 采样算法估计出两个未知参数，即所有类型中各个信息的概率分布和所有服务-位置中各个类型的概率分布；最后，推测模型通过估计出的参数推测出新出现的服务-位置的类型。信息向量模型将网络流量中传输的信息自动聚类成若干个类型，并将这些服务-位置表示为向量。由此，网络流量中服务-位置传输的信息就可以表示为向量形式，且可以自动地发现服务-位置传输信息类型的概率分布以及聚类同种类型的信息。基于信息向量空间模型的个人标识信息分类方法不需要手动进行特征选取，可以将服务-位置以及传输的信息自动表征为向量，但需要预先设置 3 个参数，即 $\vec{\alpha}$、$\vec{\beta}$ 和 K，并不断调整它们得到合适的结果。

6.3　实验与方法评估

实验使用真实的网络流量数据评估基于信息向量空间模型的个人标识信息分类方法。首先，实验所用的网络流量数据来自国内某高校校园网络的千兆速率骨干网络边界路由器镜像端口，所采集的网络流量数据主要是校园无线网络用户所产生的访问流量数据。其次，本章将网络流量数据转化为 3 个维度的数据集并进行数据预处理。最后，使用训练模型测试新的样本，并评估测试结果中的精确度和召回率。

6.3.1　实验环境与数据集

本章的实验环境依然采用一台多核 Linux X86 64 位架构服务器进行数据处理和计算。服务器配置 2 个 32 核 CPU，型号是 Inter(R) Xeon(R)E7-4820 2.0 GHz，以及 64 GB 的内存和 7.2 TB 的硬盘容量。实验使用多核的实时网络流量采集平台，网络流量数据来自校园无线网络的骨干网络边界路由器镜像端口。由于实验环境内存大小的限制，网络流量数据抓取的时间是 2016 年 11 月 7 日，将共计 24 h 的真实网络流量数据作为样本数据。

实验在 24 h 内总共抓取 50 342 021 个 HTTP 数据包。首先，网络流量数据包以 PCAP 格式存储成原始流量数据。其次，利用网络流量协议分析，分别提取出 HTTP 数据包的 Host 和 GET 字段的信息，并将 GET 字段按照数据预处理方式(参见 3.2.3)分割为 Key-Value 键值对。那么，数据包就可以用 F_{HTTP} = {D,K,V}这 3 个维度的信息来表示，其中，D 为 HTTP 数据包的 Host 字段内的信息，K 和 V 分别为 Key-Value 键值对中的 Key 和 Value。实验使用数据预处理方法清洗数据集内的噪声，并将相同的条目进行集成。基于信息向量空间模型方法的数据预处理过程只是进行噪声清洗和简单的冗余数据合并处理。最后，将每个 DK 作为一个文本文件存储，每个文本文件内包含若干个信息。由此，实验可以将网络流量数据转化为 83 695 个文本文件。

6.3.2　基于信息向量空间模型的个人标识信息分类方法效果评估

训练模型的效果与数据质量、数据预处理和参数调整紧密相关。一方面，高质量的数据与细致的数据预处理过程是训练模型的前提条件，但是这两个条件会给后期的模型训练带来比较多的麻烦；另一方面，训练模型过程中的参数调整是决定模型效果的关键因素。训练模型的效果主要受到以下参数的影响：

(1) K：从数据中抽取得到，表示类型总数量。这些信息类型的数量通常根据需求得到，如果需求是抽取特征或者关键词，那么类型数量比较少；如果需求是抽取概念或者论点，那么类型数量就比较多。

(2) α：表示所有服务-位置的类型概率分布。α 越高，表示该概率分布中包含的类型数量越多，反之包含的类型数量越少。例如，调大该值的结果是每个 DK 接近同一个类型，即让 $p(v|z)$ 发挥的作用变小，同时 $p(dk|z)$ 发挥的作用变大。

(3) β：表示所有类型的信息的概率分布。β 越高，表示该概率分布中包含的信息数量越多，反之包含的信息数量越少。例如，调大该值结果是让 $p(dk|z)$ 发挥的作用变小，而让 $p(v|z)$ 发挥的作用变大，体现在每个类型里就更集中在几个信息上面，即每个信息都尽可能地确定分到一个类型中。

(4) Iterations：表示算法的迭代次数，即使得算法收敛的最大迭代次数。

通常情况下，α 和 β 的初始值根据类型的数量 K 设置，比如，α 和 β 都被设置为 $\frac{1}{K}$。主要影响模型效果的参数为类型 K 和算法收敛的最大迭代次数。

本实验使用每个信息的困惑度(Perplexity)评估信息分类模型的性能。困惑度的物理意义是单个信息的编码大小。例如，如果在某段网络流量中传输的信息的困惑度值为 24，则说明该流量的信息编码需要 16 bit，也就是说该信息有16 种不确定性。困惑度的计算公式为

$$\text{Perplexity} = \exp\left\{\frac{\sum \log[p(v)]}{N}\right\} \tag{6.18}$$

其中，分子部分 $p(v)$ 表示数据集中每个信息出现的概率，在本章中表示为 $p(v) = \sum p(z \mid dk) \times p(v \mid z)$；分母部分 N 表示数据集中的所有信息，即数据集的总长度(不排除重复的信息)。所有信息似然值几何平均数的倒数，也就是困惑度，这个指标可以直观理解为用于生成数据集的信息表大小的期望值，且这个信息表中所有信息都符合平均分布。困惑度的值越小，说明模型的收敛度越好，模型的性能就越好。

因此，按照困惑度的计算结果可确定模型在实际数据中的参数。

通过实验观测到，困惑度随类型数量 K 的变化呈现出先抑后扬的凹曲线性质，如图 6.4 所示。困惑度在类型[10,50]的区间内递减，从 654.6 bit 递减到 347.7 bit；在类型[50,150]的区间内递增，从 347.7 bit 递增到 983.2 bit。由此，实验确定该数据集的模型参数 $K = 50$。

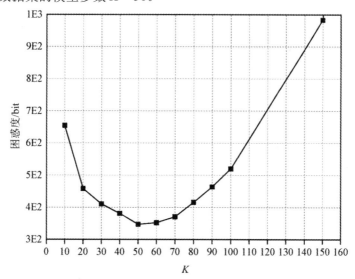

图 6.4 困惑度随类型数量 K 的变化趋势图

给定模型参数 $K = 50$，则随算法迭代次数的增加，困惑度的计算结果如图6.5 所示。可以发现，随着算法迭代次数的增加，困惑度的曲线单调递减，从

第 1 次迭代后困惑度由 347.7 bit 逐渐减小到第 60 次迭代后趋近于 226.7 bit。此后，困惑度的计算结果一直在该值附近小幅变动，说明算法已经收敛，算法的性能达到最优。因此，为了减少计算开销，实验确定该数据集的算法迭代次数 Iterations = 60。

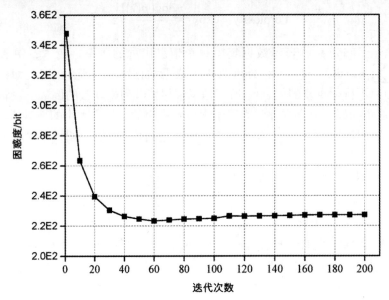

图 6.5　困惑度随算法迭代次数的变化趋势图

经过实际数据的运行和观测，实验将训练模型的预设初始参数确定为：每个服务-位置中各个类型的概率分布参数 $\alpha = \dfrac{1}{K}$，每个类型中传输各个信息的

概率分布参数 $\beta = \dfrac{1}{K}$。信息类型的数量 $K = 50$，算法最大迭代次数 Iterations=60。实际计算的时间开销为 1 小时 22 分 09 秒。图 6.6 是在算法迭代次数[1,200]范围内模型的计算时间开销。可以发现，模型每 13 分钟左右进行 10 次算法迭代，并且呈线性增长趋势。

　　经过上述过程将所有参数输入到模型中，可以得到类型-信息概率分布图和信息-类型概率分布图，如图 6.7 和图 6.8 所示。类型-信息概率分布图表示类型中所有信息的概率分布，可以直观地解释每个类型的意义以及类型的普遍性。例如，在图 6.7 中，左侧展示了所有类型的情况，右侧展示了类型 1 中出现频率排名前 30 的信息。那么，类型 1 就可以根据其包含的信息以及信息的分布情况推测出其属性。类型 1 显然包含大量的 IMEI 信息，所以推出类型 1

的属性中 IMEI 属性的分布居多。

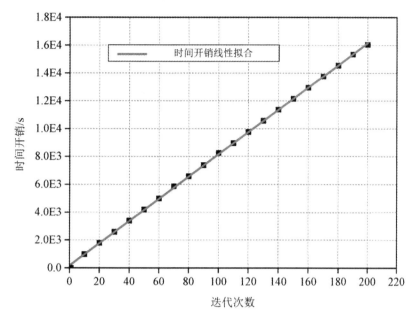

图 6.6　计算时间开销随算法迭代次数变化趋势图

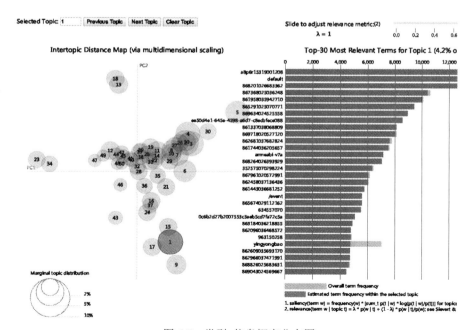

图 6.7　类型-信息概率分布图

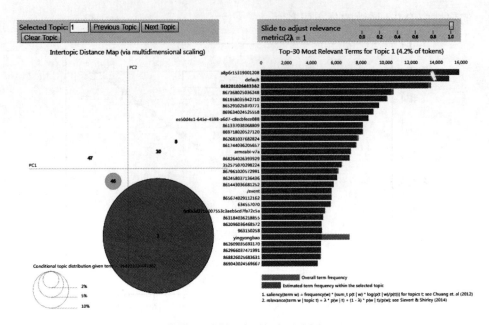

图 6.8　信息-类型概率分布图

信息-类型概率分布图表示某个信息对应类型的概率分布，可以直观地观测信息的属性和分布。例如，在图 6.8 中，信息"868201026683362"总共被 5个类型包含，在类型 1 中出现的概率为 97%，在类型 46 中出现的概率为 2%，在类型 3、10、47 中共出现的概率为 1%。

综上所述，模型通过训练过程能够发现类型与信息之间互相映射的关系及具体概率分布情况。按照这个互相映射的关系，可以判断由若干信息组成的服务-位置的概率分布。

6.3.3　推测结果评估

下面主要介绍推测服务-位置类型的方法，并评估推测结果的效果。首先，将需要推测的服务-位置输入模型，得出模型推测的信息。然后，采用精确度和召回率评估推测结果的效果。最后，讨论方法的优缺点。

将新加入的服务-位置输入到训练完成的模型中，得到该服务-位置中包含每个信息的类型分布以及该服务-位置总的类型分布，如图 6.9 所示。模型首先给出具体服务-位置的类型分布，然后给出每个类型中包含信息的分布，再通过信息的属性推测类型的属性，最终通过类型的属性推测服务-位置的属性。

```
In [127]: dk_bow = dictionary.doc2bow(texts[2654])

In [128]: dk_distribution =model[dk_bow]

In [129]: print(dk_distribution)
[(7, 0.51156574), (49, 0.24108243),(42, 0.0116)]

In [130]: print(model.print_type(49))
0.062*"10000001" + 0.043*"1353739720" + 0.018*"10000002" + 0.013*"2930522808" + 0.012*"10000085" + 0.012*"10000011" +
0.011*"api.mobile.meituan.com" + 0.011*"vod_flash_p2p" + 0.010*"cyrdqoygc" + 0.009*"quicksend"

In [131]: print(model.print_type(42))
0.659*"qzpicd" + 0.053*"dc00141" + 0.046*"qzbigpicd" + 0.032*"cea55a31f5a85983g2480ca7d" + 0.024*"1.2.9.126" + 0.019*"100ime" +
0.012*"qzpicdqzpicd" + 0.008*"1.2.9.137" + 0.007*"yadx-stu" + 0.006*"yyxapp"

In [132]: print(model.print_type(7))
0.047*"ec3493b1-2d97-4b02-9704-369d1d795e1d" + 0.037*"cb5e9fc7-048c-41ae-922d-daaf33d88cd5" + 0.035*"7557e8f3-a18c-40b8-a172-
a627636b6ef4" + 0.033*"d5346e45-81fa-4ba1-bdf7-921426062b8a1" +
0.021*"b33f295942f5b9c65079962fdb5efffa3d3a58ac3194c0e7d11b9e1e27c811f8fef40924178455667b86d4692f6aeb3d31c4df65040bd5844d5b24950e
 + 0.012*"danmustatus" + 0.012*"90014a4838473165050756b4352a62cf" + 0.010*"mo_j2011-2" + 0.010*"012200" + 0.009*"online"

In [133]: print(texts[2654])
['014047c6-8159-4771-ab31-f49bab44cbdb2016-11-07-11-08722', '014047c6-8159-4771-ab31-f49bab44cbdb2016-11-07-11-08722', 'da816652-
1609-4677-9ccb-15c9d65dd6302016-11-07-10-39260']

In [134]: print(dk_texts[2654])
['wmlog.meituan.com-msid']

In [135]:
```

图 6.9　模型推测结果图

在图 6.9 中，先将编号为第 2654 的服务-位置 dk_{2654} 转化为向量 dk_bow，然后输入到模型中推测出它的类型分布，其中第 7 个类型占总类型分布的 0.5116，第 49 个类型占 0.2411，第 42 个类型占 0.0116，类型分布的和为 1。由此可知，服务-位置有很大的概率属于第 7 个类型。随后，实验分别给出第 49、42、7 个类型中信息的分布。

分析可知，类型 49 的属性为用户 ID，类型 42 的属性为用户 ID，而类型 7 的属性是机器码。这个情况说明，dk2654 为"wmlog.meituan.com-msid"很大概率(0.5116)是机器码，也有可能作为用户 ID。

实验结果使用精确度、召回率评估模型的性能。基于信息向量空间模型的个人标识信息分类方法推测给定服务-位置的属性，并将推测结果与数据集标定数据进行比较，得出推测各类型的个人标识信息的精确度和召回率。

在二分类模型中，样本可能被分类成正样本或者负样本，与实际样本分类比较，可以分为四类：TP、FP、FN 和 TN。该分类情况和精确度、召回率的描述详细参见 4.3.2。

为更加准确地评估基于信息向量空间模型的个人标识信息分类方法，本章将个人标识信息按照 2.1.3 节的 4 种方法分类，研究了其中 10 种典型类型的个人标识信息：IMEI、MAC、IDFA、Device ID、User ID、Name、E-mail、Password、Phone Number、Location(Latitude/Longitude)。

首先，在 83 695 个服务-位置中找到 2578 个传输个人标识信息的服务-位置，并将推测结果与数据集标记结果进行对比。基于信息向量空间模型的个人标识信息分类方法的精确度和召回率如表 6.1 所示。由表中数据可见，基于信息向量空间模型的个人标识信息分类方法对普遍出现的个人标识信息具有良好的抽取效果，例如机器码(IMEI、MAC、IDFA、Device ID)和 User ID 等类型的个人标识信息都具有较高的精确度和召回率。对于较为普遍的个人标识信息类型，比如 Location、Phone Number 和 E-mail 也具有较好的精确度和召回率。但是，对 Name、Password 的精确度和召回率较低，主要原因为它们是出现频率较少的个人标识信息类型。相对隐私泄露检测而言，出现频率越少，意味着信息泄露的频率越少，信息在传输过程中相对安全。基于信息向量空间模型的个人标识信息分类方法不只对个人标识信息的检测有所帮助，对其他出现频率较高的信息也能够精准分类，比如手机的品牌型号、用户登录的时间等信息。

表 6.1　基于信息向量空间模型的个人标识信息分类方法性能评估

PII 类型	精确度/%	召回率/%
IMEI	93.64	91.48
MAC	89.13	93.56
IDFA	93.20	95.10
Device ID	88.76	85.95
User ID	88.75	90.78
Name	71.23	73.40
E-mail	80.41	77.41
Password	75.18	71.59
Phone Number	87.90	80.15
Location	82.76	78.30
总计	85.10	83.77

　　此外，在实验结果中，明文信息和加密信息相互混杂在同一类型内，它们之间的相关性有可能帮助推测出加密信息的属性。例如，在图 6.9 中，类型 7 中主要包含机器码"ec3493b1-2d97-4b02-9704-369d1d795e1d""cb5e9fc7-048c-41ae-922d-daaf33d88cd5"和"7557e8f3-a18c-40b8-a172-a627636b6ef4"等明文信息，同时也包含"90014a4838473165050756b4352a62cf"等加密信息。

　　本章提出基于信息向量空间模型的个人标识信息分类方法。针对缺乏个人标识信息的相关性研究的问题，结合文本分类理论方法，利用三层贝叶斯网络模型，统计服务-位置、信息与类型相互之间的概率分布，研究分析个人标识信息的相关性，为隐私泄露风险评估提供依据。首先利用特征信息建立基于三层贝叶斯结构的生成模型，然后利用数据集训练模型得到相关参数，并能够自动将服务-位置及其传输的信息表征为向量模型，最后利用训练模型分类服务-位置的类型。实验结果表明，基于信息向量模型的个人标识信息分类方法对较为普遍出现的个人标识信息分类效果显著。

本书的研究内容层层递进，符合科学研究和事物认知的本质规律。研究工作的创新点紧密围绕当前面临的挑战，将个人标识信息的多样性、检测方法的高效性以及个人标识信息的相关性三个方面作为研究内容，为网络流量数据中隐私泄露检测领域作出一些贡献，可以推广应用。

附录

代码

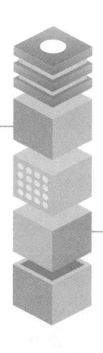

附录 1 数据获取与处理程序代码

1.1 获取流量中的字段程序代码

```python
# -*- coding: utf-8 -*-
#!/usr/bin/python
import re
import time
import struct
import binascii
import socket
import os

def b2s(hex_string):
    return(str(binascii.b2a_hex(hex_string))[2:-1])

def b2IP(IP):
    return(socket.inet_ntoa(IP))

# for filename in os.listdir(r'D://pi_exp//'):
#     print(filename)
#
#     file = open('D://pi_exp//'+filename,'rb')
#
#     outfile = open('D://pi_exp//getallfeild.txt','a')

file = open('D://pi_exp//get.pcap', "rb")

outfile = open('D://pi_exp//getallfeild.txt', "a")

pcaphdrlen = 24
```

```
    pkthdrlen=16
    linklen=14
    iphdrlen=20
    tcphdrlen=20
    stdtcp = 20
    num =1

    # Read 24-bytes pcap header
    datahdr = file.read(pcaphdrlen)
    #print(datahdr)
    #(magic, major, minor, thiszone, sigfigs, snaplen,linktype) =
struct.unpack("=L2p2pLLLL", datahdr)#=4s2s2s4s4sLL

    pkthdr = file.read(pkthdrlen)

    while pkthdr:
        #outfile.write(str(num))
        print(num)
        (Seconds, Microseconds,Caplen,Len) = struct.unpack("=LLLL", pkthdr)
        #print(Seconds, Microseconds,Caplen,Len)


        # read link header
        linkhdr = file.read(linklen)

        (dMac,sMac,Type) = struct.unpack("!6s6s2s", linkhdr)

        # read IP header
        iphdr = file.read(iphdrlen)

        (vl, tos, tot_len,iden,frag_off, ttl, protocol, check, saddr, daddr) =
struct.unpack("!ssH2s2sbs2s4s4s",iphdr)
        iphdrlen = ord(vl) & 0x0F
```

```
        iphdrlen *= 4


        # read TCP standard header
        tcpdata = file.read(stdtcp)
        #(sport, dport, seq, ack_seq, hl,ackid, win, check, urgp) = struct.unpack
(">HH4s4sssH2sH",tcpdata)
        (sport, dport, seq, ack_seq, pad1, win, checksum, urgp) = struct.unpack
(">HHLLHH HH",tcpdata)


        tcphdrlen = pad1 & 0xF000
        tcphdrlen = tcphdrlen >> 12
        tcphdrlen = tcphdrlen*4


        # skip data
        skip = file.read(Caplen-linklen-iphdrlen-stdtcp)


    #
outfile.write(','+time.strftime("%Y-%m-%d  %H:%M:%S",time.localtime(Seconds))+','+str(Micro
seconds)+','+str(Caplen)+','+str(Len))
    #             outfile.write(','+b2s(dMac)+','+b2s(sMac)+','+b2s(Type))
    #
outfile.write(','+b2s(vl)+','+b2s(tos)+','+str(tot_len)+','+b2s(iden)+','+b2s(frag_off)+','+str(ttl)+','+
b2s(protocol)+','+b2s(check)+','+b2IP(saddr)+','+b2IP(daddr))
    #
outfile.write(','+str(sport)+','+str(dport)+','+str(seq)+','+str(ack_seq)+','+str(pad1)+','+str(win)+','+s
tr(checksum)+','+str(urgp))


        hostdata = []
        uadata=[]
        refererdata=[]
        cookiedata=[]


        hostdata = re.findall(r'Host:\s(.*?)\\r\\n', str(skip))
```

```
    uadata = re.findall(r'GET\s(.*?)HTTP', str(skip))
    refererdata = re.findall(r'Referer:\s(.*?)\\r\\n', str(skip))
    cookiedata = re.findall(r'Cookie:\s(.*?)\\r\\n', str(skip))

    outfile.write(str(num)+'\t'+b2s(sMac)+'\t'+b2IP(saddr)+'\t'+b2IP(daddr)+'\t')

    if hostdata:
        outfile.write(hostdata[0]+'\t')
    else:
        outfile.write('\t')
    if uadata:
#           uadata = repr(uadata[0])
#           uadata = uadata.replace(',', '.')
        outfile.write('GET '+uadata[0]+'\t')
    else:
        outfile.write('\t')
    if refererdata:
#           refererdata = repr(refererdata[0])
#           refererdata = refererdata.replace(',', '.')
        outfile.write(refererdata[0]+'\t')
    else:
        outfile.write('\t')
    if cookiedata:
#           cookiedata = repr(cookiedata[0])
#           cookiedata = cookiedata.replace(',', '.')
        outfile.write(cookiedata[0]+'\n')
    else:
        outfile.write('\n')

    pkthdr = file.read(pkthdrlen)
    num+=1


file.close()
```

```
outfile.close()

print('success!!!')
```

1.2　获取 URL 中的 Key-Value 键值对程序代码

```python
#!/usr/local/bin/python3
# encoding=utf8
'''
readme: This py extracts key-values in url
input format:domain>mac/url
output format:domain>mac key value
'''

import os
import codecs
import datetime

def LineSplit(line):
    line = line.strip('\n')
    lineList = line.split('\t')
    return lineList

start = datetime.datetime.now()
i=0
j=0
rPath = "/media/data/pp/domainf/"
oPath = "/media/data/pp/domain-kv/"
for fileName in os.listdir(rPath):
    j+=1
    print(fileName)
    if j%10==0:
        print(j)
    if os.path.exists(oPath+fileName)==0:
```

```python
    rFile = codecs.open(rPath+fileName,'r','utf8','ignore')
    oFile = codecs.open(oPath+fileName,"w","utf8")
    for line in rFile:
        lineList = LineSplit(line)
        kvList = lineList[-1].split('?')[-1].split('&')
        for key in kvList:
            i+=1
            if '=' in key:
                kv =key.split('=',1)
                if kv[0].strip() !='' and kv[1].strip() != '':    \
                    oFile.write(lineList[0]+'\t'+lineList[1]    \
                        +'\t'+kv[0].strip()+'\t'+kv[1].strip()+'\n')
                else:
                    oFile.write(lineList[0]+'\t'+lineList[1]+'\t'+'none\t'+key.strip()+'\n')
            else:
                oFile.write(lineList[0]+'\t'+lineList[1]+'\t'+'none\t'+key.strip()+'\n')
    rFile.close()
    oFile.close()


print(j)
print(i)
end = datetime.datetime.now()
endtime = datetime.datetime.now()
print(end - start)
print('finish!!!')
```

1.3　规则属性去除异常值程序代码

```python
#!/usr/bin/python3
#encoding=utf8
'''
input:user-key-value-f
'''
import datetime
```

```python
import os
import os.path

def linesplit(line):
    line = line.strip('\n')
    linelist = line.split('\t')
    return linelist

starttime = datetime.datetime.now()
rpath = '/media/data/pp/kvstat/'
opath = '/media/data/pp/kvstat-f/'
valuelength = 7

for filename in os.listdir(rpath):
    if os.path.exists(opath+filename)==0:
        print(filename+'----proccesing!')
        rfile = open(rpath+filename,'r')
        ofile = open(opath+filename,'w')
        for line in rfile:
            linelist = linesplit(line)
            if linelist[1] != 'none' and len(linelist[2]) > valuelength:
                ofile.write(line)

        if os.path.getsize(opath+filename)==0:
            os.remove(opath+filename)
        rfile.close()
        ofile.close()
    else:
        print(filename+'----pass!')

endtime = datetime.datetime.now()
print(endtime - starttime)
print('finish!!!')
```

1.4　正则表达式清洗异常值程序代码

```
def RevList(lineList):
    lineList[0:3].reverse()
    lineList = ('.').join(lineList)
    return linelist


import re

rPath = 'D:\\Recent work\\mac\\input\\'
oPath = 'D:\\Recent work\\mac\\output\\'
domainList = []
dList = []
i=0
rFile = open(rPath+'domainlist.log','r')

for line in rFile:
    line = line.strip('\n')
    domainList.append(line)
domainList.sort()
domainList.remove('')
l = len(domainList)
for x in domainList:
    i+=1
    if i%100==0:
        print(l,i)
    ip = re.findall(r'(?<![\.\d])(?:\d{1,3}\.){3}\d{1,3}(?![\.\d])',x)
    if not ip:
        oFile = open(oPath+'list1.log','a')
        rule = r'^'+x.replace('.','\.')+'.+'
#               print("rule:"+rule)
        for y in domainList:
            m = re.compile(rule).findall(y)
```

```
            if m != []:
                print(x,m)
                oFile.write(x+'\t'+m[0]+'\n')
                domainList.remove(m[0])
oFile.close()
rFile.close()
print(i)
print("finish!!!")
```

附录2　基于用户行为规则的个人标识信息识别方法

程序代码

2.1　VF Test 算法实现程序代码

```python
#!/usr/bin/python3
#encoding=utf8

import os
import os.path
import datetime
import numpy as np

def SplitLine2List(line):
    line = line.strip('\n')
    lineList = line.split('\t')
    return lineList

def List_S2I(List):
    listInt =[]
    for i in List:
#           print(i)
        listInt.append(int(i))
    return listInt

def FileWirte(oFile,key,tf,vList):
    oFile.write(key+'\t'+str(tf)+'\t'+vList+'\n')
    return
#user,key,value,fre
ss = datetime.datetime.now()
rPath= '/media/data/pp/kvstat-f'
```

```
oPath = '/media/data/pp/vf/'
h=0
for fileName in os.listdir(rPath):
    h+=1
    if os.path.exists(oPath+fileName)==0:
        print(fileName+'----proccesing!')
        s = datetime.datetime.now()
        rFile = open(rPath+fileName,'r')

        allList = []
        for line in rFile:
            lineList = SplitLine2List(line)
            allList.append(lineList)
        allArray = np.array(allList)
        allArrayT = allArray.T

        keyList =   [a+'\t'+b for a, b in zip(allArrayT[0],allArrayT[1])]
        keyList = list(set(keyList))
        keyList.sort()
        l = len(keyList)
        i=0
        for key in keyList:

            oFile = open(oPath+fileName,'a')
            i+=1
            print(h,l,i)
            vList = []
            vfList = []
            j=0
            x=0
            for a, b,c,d in zip(allArrayT[0],allArrayT[1],allArrayT[2],allArrayT[3]):
                if key == a+'\t'+b :
                    j+=1
                    if int(d)>x:
```

```
                          x = int(d)
                          vList=c
                  FileWirte(oFile,key,j,vList)
                  print(key,j,vList)
          rFile.close()
          oFile.close()
          e = datetime.datetime.now()
          print(e-s)
      else:
          print(fileName+'----pass!')
ee = datetime.datetime.now()
print(ee-ss)
print("finish!!!")
```

2.2　UVF Test 算法实现程序代码

```
#!/usr/bin/python3
#encoding=utf8
'''
input format:kvstat>key-id-value-fre
output format:tf>key-value-idfsum-idf
'''
import os
import datetime
import numpy as np
import codecs


def SplitLine2List(line):
    line = line.strip('\n')
    lineList = line.split('\t')
    return lineList


def List_S2I(List):
```

```
        listInt =[]
        for i in List:
#               print(i)
            listInt.append(int(i))
        return listInt


def FileWirte(oFile,key,v,idfSum,idf):
        oFile.write(key+'\t'+v+'\t'+str(idfSum)+'\t'+idf+'\n')
        return


rPath= '/media/data/pp/kvstat-f/'
oPath = '/media/data/pp/uvf/'
h=0
ss = datetime.datetime.now()
for fileName in os.listdir(rPath):

        h+=1
        if os.path.exists(oPath+fileName)==0:
            s = datetime.datetime.now()
            print(fileName+'----proccesing!')
            rFile = codecs.open(rPath+fileName,'r','utf8')
            allList = []
            allArray = []
            allArrayT = []
            keyList = []
            for line in rFile:
                    lineList = SplitLine2List(line)
                    allList.append(lineList)
            allArray = np.array(allList)
            allArrayT = allArray.T

            keyList = list(set(allArrayT[1]))
            keyList.sort()
```

```
        l=len(keyList)
        i=0
        vList =[]
        for key in keyList:
#           ss = datetime.datetime.now()
            oFile = open(oPath+fileName,'a')
            i+=1
            print(h,l,i)
            vList = []
            j=0
            for a, b in zip(allArrayT[1],allArrayT[2]):
                if key == a:
                    j+=1
                    vList.append(b)
            for v in vList:
                idfSum = vList.count(v)
                if idfSum == 1:
                    idf = "1"
                else:
                    idf = "0"
                FileWirte(oFile,key,v,idfSum,idf)
            print(key,v,idfSum,idf)

        rFile.close()
        oFile.close()
        e = datetime.datetime.now()
        print(e-s)
    else:
        print(fileName+'----pass!')

ee = datetime.datetime.now()
print(ee-ss)
print("finish!!!")
```

2.3 校验算法实现程序代码

```python
#!/usr/bin/python3
#encoding=utf8
import os.path
import datetime

def SplitLine2List(line):
    line = line.strip('\n')
    lineList = line.split('\t')
    return lineList


n=1
i=0
rPath = '/media/data/pp/uvf/'
oPath = '/media/data/pp/'

rFile = open('/media/data/pp/vf-1.log','r')
for line in rFile:
    s = datetime.datetime.now()
    i+=1
    lineList = SplitLine2List(line)
    if lineList[-1] == '1':
        print(lineList[0],lineList[1])
        fileName = lineList[0]+'.log'
        if os.path.exists(rPath+fileName):
            uvfFile = open(rPath+fileName,'r')
            keyList = []
            for uvfline in uvfFile:
                uvflineList = SplitLine2List(uvfline)
                if uvflineList[0] == lineList[1]:
                    keyList.append(uvflineList[-1])
            tValue = keyList.count('1')
```

```
            uvf = 2
            if len(keyList) == 1:
                    uvf = 0
            elif tValue>=round(n*len(keyList)) :
                    uvf = 1
            else:
                    uvf = 0
#         fileName = fileName.replace('.log','')

            oFile = open(oPath+'uvf-'+str(n)+'.log','a')
            if uvf == 1:
                oFile.write(line.strip('\n')+'\t'+str(uvf)+'\n')
            print(i,len(keyList))
            oFile.close()
    e = datetime.datetime.now()
    print(e-s)

rFile.close()
print("finish!!!")
```

附录3 基于静态污染的个人标识信息定位抽取方法程序代码

```python
# -*- coding: utf-8 -*-
import codecs

def CHOCSEDK(piiTaint,inputFile):
    dkList = []
    for line in inputFile:
        lineList = line.replace('\n','').split('\t')
        if (piiTaint in lineList[2]) and (lineList[0:2] not in dkList):
            dkList.append(lineList[0:2])
    return dkList

def CHVALUE(value,stringLength,dName,keyName,inputFile,l,r):
    valueList = []
    for line in inputFile:
        lineList = line.replace('\n','').split('\t')
        if dName == lineList[0] and keyName == lineList[1] and len(lineList[2]) == stringLength:
            valueList.append(lineList[2])
    valueList =list(set(valueList))
    return valueList

global inputFile

if __name__ == '__main__':
    inPath = 'd:\\TAINT\\'
    inFileName = 'kv-agg-redomain-sort.log'
    outFileName = 'imei.log'
    allvalueList = ['865180028342149']
    alldkList = []
```

```
        i=0
        j=0
        l=1
        r=1
        for value in allvalueList:
            i+=1
            print('-----------------')
            print(i,value)
            inputFile = codecs.open(inPath+inFileName,'r','gbk','ignore')
            dkList = CHOCSEDK(value,inputFile)
#            print(dkList)
            stringLength = len(value)
            for dk in dkList:
#                print(dk)
                inputFile = codecs.open(inPath+inFileName,'r','gbk','ignore')
                if dk not in alldkList:
                    print(dk,'1')
                    alldkList.append(dk)
                    dName = dk[0]
                    keyName = dk[1]
                    valueList = CHVALUE(value,stringLength,dName,keyName,inputFile,l,r)
                    for value in valueList:
                        if value not in allvalueList:
                            allvalueList.append(value)

            else:
                print(dk,'-1')

        print(len(alldkList))
        print(len(allvalueList))
        outFile = codecs.open(inPath+outFileName,'a','gbk','ignore')
        outFile.write(str(i)+','+str(len(alldkList)))
        for x in alldkList:
            outFile.write(','+x[0]+'\t'+x[1])
```

```
            outFile.write("\n")
            outFile.write(str(i)+','+str(len(allvalueList)))
            for y in allvalueList:
                outFile.write(','+y)
            outFile.write("\n")
        inputFile.close()
    outFile.close()
```

附录 4　基于信息向量空间模型的个人标识信息

分类方法程序代码

4.1　从原始数据中获取特征属性形成数据集程序代码

```python
import codecs
import os

def LINESPLIT(line):
    line = line.strip('\n')
    lineList = line.split('\t')
    return lineList


if _ _name_ _ == '_ _main_ _':
    inPath = '/data/LDA/dkfiles/'
#    inputFilename = 'k3d6vf.log'
    outFilename = 'ldadataset.log'
    outPath = '/data/LDA/'
    outFile = codecs.open(outPath+outFilename,'a','utf8')
    for fileName in os.listdir(inPath):

        inputFile = codecs.open(inPath+fileName,'r','utf8','ignore')
        domain = inputFile[0:-4]
        i=0
        j=0
        for line in inputFile:
#            print(line)
            if i%10000==0:
                print(i)
            lineList = LINESPLIT(line)
```

```
                domain = lineList[0].replace('/','')+'_'+lineList[1]
                lineNumber = len(lineList)
                outFile.write(i+' '+domain+' '+lineNumber+' '+line)
                i+=1
        outFile.close()
        print(i)
    inputFile.close()
```

4.2　数据集预处理程序代码

```
#!/usr/bin/env python3
# -*- coding: utf-8 -*-

import codecs
import os

def LINESPLIT(line):
    line = line.strip('\n')
    lineList = line.split(' ')
    return lineList

if _ _name_ _ == '_ _main_ _':
    inPath = '/data/lda/dkfiles/'
#    inputFilename = 'k3d6vf.log'
    outData = 'ldadataset.log'
    outPredata = 'ldadatasetpre.log'
    outPath = '/data/lda/'
    outFile1 = codecs.open(outPath+outData,'w','utf8')
    outFile2 = codecs.open(outPath+outPredata,'w','utf8')
    i=0
    k=0
    for fileName in os.listdir(inPath):

        inputFile = codecs.open(inPath+fileName,'r','utf8','ignore')
```

```
        domain = fileName[0:-4]

        if i%10000==0:
            print(i,domain)
        j=0
        for line in inputFile:

            lineList = LINESPLIT(line)
            lineNumber = len(lineList)-1
            outFile1.write(str(i)+' '+domain+' '+str(lineNumber)+' '+line+'\n')
            outFile2.write(line+'\n')

            j+=1
            k+=1
        i+=1
    outFile1.close()
    outFile2.close()
    print(i,k)
inputFile.close()
```

4.3　生成模型程序代码

```
#-*- coding:utf-8 -*-
import logging
import logging.config
import ConfigParser
import numpy as np
import random
import codecs
import os

from collections import OrderedDict
#获取当前路径
path = os.getcwd()
```

```
#导入日志文件
logging.config.fileConfig("logging.conf")
#创建日志对象
logger = logging.getLogger()
# loggerInfo = logging.getLogger("TimeInfoLogger")
# Consolelogger = logging.getLogger("ConsoleLogger")


#导入配置文件
conf = ConfigParser.ConfigParser()
conf.read("setting.conf")
#文件路径
trainfile = os.path.join(path,os.path.normpath(conf.get("filepath", "trainfile")))
wordidmapfile = os.path.join(path,os.path.normpath(conf.get("filepath","wordidmapfile")))
thetafile = os.path.join(path,os.path.normpath(conf.get("filepath","thetafile")))
phifile = os.path.join(path,os.path.normpath(conf.get("filepath","phifile")))
paramfile = os.path.join(path,os.path.normpath(conf.get("filepath","paramfile")))
topNfile = os.path.join(path,os.path.normpath(conf.get("filepath","topNfile")))
tassginfile = os.path.join(path,os.path.normpath(conf.get("filepath","tassginfile")))
#模型初始参数
K = int(conf.get("model_args","K"))
alpha = float(conf.get("model_args","alpha"))
beta = float(conf.get("model_args","beta"))
iter_times = int(conf.get("model_args","iter_times"))
top_words_num = int(conf.get("model_args","top_words_num"))
class Document(object):
    def __init__(self):
        self.words = []
        self.length = 0
#创建词汇表 vocabulary
class DataPreProcessing(object):
    def __init__(self):
        self.docs_count = 0
        self.words_count = 0
        #保存每个文档那个 d 的信息(单词序列，以及长度)
```

```python
        self.docs = []
        #建立词汇表
        self.word2id = OrderedDict()
    def cachewordidmap(self):
        with codecs.open(wordidmapfile, 'w','utf-8') as f:
            for word,id in self.word2id.items():
                f.write(word +"\t"+str(id)+"\n")
class LDAModel(object):
    def _ _init_ _(self,dpre):
        self.dpre = dpre #获取预处理参数
        #
        #模型参数

        self.K = K
        self.beta = beta
        self.alpha = alpha
        self.iter_times = iter_times
        self.top_words_num = top_words_num
        #
        self.wordidmapfile = wordidmapfile
        self.trainfile = trainfile
        self.thetafile = thetafile
        self.phifile = phifile
        self.topNfile = topNfile
        self.tassginfile = tassginfile
        self.paramfile = paramfile
        self.ndsum = np.zeros(dpre.docs_count,dtype="int")
        self.Z = np.array([ [0 for y in xrange(dpre.docs[x].length)]         \
                                    for x in xrange(dpre.docs_count)])
        for x in xrange(len(self.Z)):
            self.ndsum[x] = self.dpre.docs[x].length
            for y in xrange(self.dpre.docs[x].length):
                topic = random.randint(0,self.K-1)
                self.Z[x][y] = topic
```

```
                    self.nw[self.dpre.docs[x].words[y]][topic] += 1
                    self.nd[x][topic] += 1
                    self.nwsum[topic] += 1

        self.theta = np.array([ [0.0 for y in xrange(self.K)]    \
for x in xrange(self.dpre.docs_count) ])
        self.phi = np.array([ [ 0.0 for y in xrange(self.dpre.words_count) ]    \
for x in xrange(self.K)])
    def sampling(self,i,j):

        topic = self.Z[i][j]

        word = self.dpre.docs[i].words[j]

        self.nw[word][topic] -= 1
        self.nd[i][topic] -= 1
        self.nwsum[topic] -= 1
        self.ndsum[i] -= 1

        Vbeta = self.dpre.words_count * self.beta
        Kalpha = self.K * self.alpha
        self.p = (self.nw[word] + self.beta)/(self.nwsum + Vbeta) * \
                    (self.nd[i] + self.alpha) / (self.ndsum[i] + Kalpha)
        p = np.squeeze(np.asarray(self.p/np.sum(self.p)))
        topic = np.argmax(np.random.multinomial(1, p))

        self.nw[word][topic] +=1
        self.nwsum[topic] +=1
        self.nd[i][topic] +=1
        self.ndsum[i] +=1
        return topic
    def est(self):
        # Consolelogger.info(u" self.iter_times)
```

```
        for x in xrange(self.iter_times):
            for i in xrange(self.dpre.docs_count):
                for j in xrange(self.dpre.docs[i].length):
                    topic = self.sampling(i,j)
                    self.Z[i][j] = topic
        logger.info(u"…")
        logger.debug(u"…")
        self._theta()
        logger.debug(u"…")
        self._phi()
        logger.debug(u"…")
        self.save()
    def _theta(self):
        for i in xrange(self.dpre.docs_count):
            self.theta[i] = (self.nd[i]+self.alpha)/(self.ndsum[i]+self.K * self.alpha)
    def _phi(self):
        for i in xrange(self.K):
            self.phi[i] = (self.nw.T[i] + self.beta)/(self.nwsum[i]+self.dpre.words_count * self.beta)
    def save(self):

        logger.info(u"self.thetafile)
        with codecs.open(self.thetafile,'w') as f:
            for x in xrange(self.dpre.docs_count):
                for y in xrange(self.K):
                    f.write(str(self.theta[x][y]) + '\t')
                f.write('\n')

        logger.info(u"self.phifile)
        with codecs.open(self.phifile,'w') as f:
            for x in xrange(self.K):
                for y in xrange(self.dpre.words_count):
                    f.write(str(self.phi[x][y]) + '\t')
                f.write('\n')
```

```
            logger.info(u" self.paramfile)
            with codecs.open(self.paramfile,'w','utf-8') as f:
                f.write('K=' + str(self.K) + '\n')
                f.write('alpha=' + str(self.alpha) + '\n')
                f.write('beta=' + str(self.beta) + '\n')
                f.write(iter_times=' + str(self.iter_times) + '\n')
                f.write(top_words_num=' + str(self.top_words_num) + '\n')


            logger.info( self.topNfile)


            with codecs.open(self.topNfile,'w','utf-8') as f:
                self.top_words_num = min(self.top_words_num,self.dpre.words_count)
                for x in xrange(self.K):
                    f.write(u'µÚ' + str(x) + u'Àà£º' + '\n')
                    twords = []
                    twords = [(n,self.phi[x][n]) for n in xrange(self.dpre.words_count)]
                    twords.sort(key = lambda i:i[1], reverse= True)
                    for y in xrange(self.top_words_num):
                        word = OrderedDict({value:key for key, value in      \
self.dpre.word2id.items()})[twords[y][0]]
                        f.write('\t'*2+ word +'\t' + str(twords[y][1])+ '\n')


            logger.info(self.tassginfile)
            with codecs.open(self.tassginfile,'w') as f:
                for x in xrange(self.dpre.docs_count):
                    for y in xrange(self.dpre.docs[x].length):
                        f.write(str(self.dpre.docs[x].words[y])+':'+str(self.Z[x][y])+ '\t')
                    f.write('\n')
            logger.info(u"…")
def preprocessing():
    logger.info(u'…')
    with codecs.open(trainfile, 'r','utf-8') as f:
        docs = f.readlines()
    logger.debug(u"…")
```

```
        dpre = DataPreProcessing()
        items_idx = 0
        for line in docs:
            if line != "":
                tmp = line.strip().split()

                doc = Document()
                for item in tmp:
                    if dpre.word2id.has_key(item):
                        doc.words.append(dpre.word2id[item])
                    else:
                        dpre.word2id[item] = items_idx
                        doc.words.append(items_idx)
                        items_idx += 1
                doc.length = len(tmp)
                dpre.docs.append(doc)
            else:
                pass
        dpre.docs_count = len(dpre.docs)
        dpre.words_count = len(dpre.word2id)
        logger.info( dpre.docs_count)
        dpre.cachewordidmap()
        logger.info(wordidmapfile)
        return dpre
    def run():
        dpre = preprocessing()
        lda = LDAModel(dpre)
        lda.est()
    if _ _name_ _ == '_ _main_ _':
        run()
```

4.4   训练模型程序代码

```
#!/usr/bin/env python3
```

```python
# -*- coding: utf-8 -*-
from sklearn.feature_extraction.text import CountVectorizer
#from sklearn.externals import joblib
from sklearn.decomposition import LatentDirichletAllocation


def GETPREDATALIST(filePath,fileName):
    docLst = []
    with open(filePath+fileName,'r') as f:
        for line in f.readlines():
            if line != '':
                docLst.append(line.strip())
    return docLst


def print_top_words(model, feature_names, n_top_words):

    for topic_idx, topic in enumerate(model.components_):
        print ("Topic #%d:" % topic_idx)
        print ("".join([feature_names[i]
        for i in topic.argsort()[:-n_top_words - 1:-1]]))


    print(model.components_)


if __name__ == '__main__':
    rawfilePath = '/data/lda/'
    rawfileName= 'ldadatasetpre.log'
#    tf_ModelPath= {}

    docLst = GETPREDATALIST(rawfilePath,rawfileName)
    print('docList is ok!!!')

    tf_vectorizer = CountVectorizer(min_df=2,stop_words='english')
    tf = tf_vectorizer.fit_transform(docLst)
#    joblib.dump(tf_vectorizer,tf_ModelPath )
```

```
print('tf is ok!!!')
n_topics = 30
lda = LatentDirichletAllocation(n_topics=n_topics,
                                max_iter=1,
                                learning_method='batch')
lda.fit(tf)

print(lda.components_.shape)
#    lda.components_[:2]
print("trainning finish!!!")

n_top_words=20
tf_feature_names = tf_vectorizer.get_feature_names()
print_top_words(lda,tf_feature_names,n_top_words)
```

4.5　推测模型程序代码

```
#!/usr/bin/env python3
# -*- coding: utf-8 -*-
import sys
import pyLDAvis.gensim
#sys.setdefaultencoding('utf-8')
import os
import codecs
from gensim.corpora import Dictionary
from gensim import corpora, models
from datetime import datetime
import platform
import logging
logging.basicConfig(format='%(asctime)s : %(levelname)s : %(message)s : ', \
                    level=logging.INFO)

platform_info = platform.platform().lower()
if 'windows' in platform_info:
```

```
        code = 'gbk'
elif 'linux' in platform_info:
        code = 'utf-8'
path = sys.path[0]


class GLDA(object):

    def _ _init_ _(self, stopfile=None):
        super(GLDA, self)._ _init_ _()
        if stopfile:
            with codecs.open(stopfile, 'r', code) as f:
                self.stopword_list = f.read().split(' ')
            print ('the num of stopwords is : %s'%len(self.stopword_list))
        else:
            self.stopword_list = None


def lda_train(self, num_topics, datafolder, middatafolder, \
                dictionary_path=None, corpus_path=None, \
                iterations=5000, passes=1, workers=3):
        time1 = datetime.now()
        num_docs = 0
        doclist = []
        if not corpus_path or not dictionary_path:
            for filename in os.listdir(datafolder):
                with codecs.open(datafolder+filename, 'r', code) as source_file:
                    for line in source_file:
                        num_docs += 1
                        if num_docs%100000==0:
                            print ('%s, %s'%(filename, num_docs))
                        #doc = [word for word in doc if word not in self.stopword_list]
                        doclist.append(line.split(' '))
                print ('%s, %s'%(filename, num_docs))
            if dictionary_path:
```

```
        dictionary = corpora.Dictionary.load(dictionary_path)
    else:

        dictionary = corpora.Dictionary(doclist)
        dictionary.save(middatafolder + 'dictionary.dictionary')
    if corpus_path:
        corpus = corpora.MmCorpus(corpus_path)
    else:
        corpus = [dictionary.doc2bow(doc) for doc in doclist]
        corpora.MmCorpus.serialize(middatafolder + 'corpus.mm', corpus)
    tfidf = models.TfidfModel(corpus)
    corpusTfidf = tfidf[corpus]
    time2 = datetime.now()
    lda_multi = models.ldamulticore.LdaMulticore(corpus=corpusTfidf, \
                    id2word=dictionary, num_topics=num_topics, \
                    iterations=iterations, workers=workers, batch=True, passes=passes)
    lda_multi.print_topics(num_topics, 30)
    print ('lda training time cost is : %s, all time cost is : %s ' \
                    %(datetime.now()-time2, datetime.now()-time1))

    lda_multi.save(middatafolder + 'lda_tfidf_%s_%s.model'%(num_topics, iterations))
    # lda = models.ldamodel.LdaModel.load('zhwiki_lda.model')
    # save the doc-topic-id
    topic_id_file = codecs.open(middatafolder + 'topic.json', 'w', 'utf-8')
    for i in range(num_docs):
        topic_id = lda_multi[corpusTfidf[i]][0][0]
        topic_id_file.write(str(topic_id)+' ')


if __name__ == '__main__':
    path = '/data/lda/'
    datafolder = '/data/lda/dkfiles/'
    middatafolder = '/data/lda/middatafiles/'
    dictionary_path = '/data/lda/middatafiles/' + 'dictionary.dictionary'
```

```
        corpus_path = middatafolder + 'corpus.mm'
        # stopfile = path + os.sep + 'rest_stopwords.txt'
        num_topics = 50
        passes = 2        iterations = 6000
        workers = 10
        lda = GLDA()
lda.lda_train(num_topics, datafolder, middatafolder,   \
             dictionary_path=False, corpus_path=False,   \
             iterations=iterations, passes=passes, workers=workers)
#     plotdata = pyLDAvis.gensim.prepare(lda, corpus, dictionary)
#     pyLDAvis.show(plotdata,open_browser=False)
```

英文缩略词中文对照

简称	全称	中文
API	Application Programming Interface	用户接口
APK	Android Package	安装包
App	Application	应用程序
CF	Constraint Function	约束函数
DB	Database	数据库
DPI	Deep Packet Inspection	深度数据包检测技术
FP	False Positives	误报(假阳性)
FN	False Negatives	漏报(假阴性)
GT	Ground Truth	数据集的基线
HTTP	Hyper Text Transport Potocol	超文本传输协议
IDFA	Identifier For Advertising	广告标识
IFA	Information Flow Analytics	信息流分析
IMEI	International Mobile Equipment Identity	国际移动设备身份编码
MAC	Medium/Media Access Control	物理地址
MTU	Max-imum Transmission Unit	最大传输单元
NIST	National Institute of Standards and Technology	美国标准与技术学会
OMB	Office of Management and Budget	美国白宫管理与预算办公室
OSN	Online Social Net-works	在线社交网络
PII	Personally Identifiable Information	个人标识信息
QoS	Quality of Service	服务质量
RE	Regular Expression	正则表达式
TN	True Negative	真阴性
TP	True Positive	真阳性
VPN	Virtual Private Network	虚拟专用网络

参 考 文 献

[1] XIA N, SONG H H, LIAO Y, et al. Mosaic: quantifying privacy leakage in mobile networks[C]. ACM SIGCOMM Computer Communication Review, 2013，43(4): 279-290.

[2] KRISHNAMURTHY B, WILLS C E. On the Leakage of Personally Identifiable Information Via Online Social Networks[C]. The 2nd ACM Workshop on Online social networks, 2009: 7-12.

[3] JOHNSON I C. Us office of management and budget memorandum m-07-16[R/OL]. Office of Management and Budget of THE WHITE HOUSE. [2007-08-11]. https://www.whitehouse.gov/omb/information-for-agencies/memoranda/.

[4] KRISHNAMURTHY B, WILLS C. Privacy diffusion on the Web: a longitudinal perspective[C]. International Conference on World Wide Web, 2009: 541-550.

[5] FALAHRASTEGAR M, HADDADI H, UHLIG S, et al. Tracking personal identifiers across the web[C]. Inter-national Conference on Passive and Active Network Measurement, 2016: 30-41.

[6] BOOK T, DAN S W. A case of collusion: a study of the interface between ad libraries and their apps[C]. ACM Workshop on Security Privacy in Smartphones & Mobile Devices, 2023: 79-85.

[7] HUBER M, MULAZZANI M, SCHRITTWIESER S, et al. Appinspect: Large-scale evaluation of social net-working apps[C]. ACM Conference on Online Social Networks, 2013: 143-154.

[8] VANDEBOGART S, EFSTATHOPOULOS P, KOHLER E, et al. Labels and event processes in the asbestos operating system[J]. ACM Transactions on Computer Systems Review, 2007, 39(5): 11-17.

[9] EGELE M, KRUEGEL C, KIRDA E, et al. Pios:detecting privacy leaks in ios applications[C]. In the 18th Annual Network & Distributed System Security Symposium, 2011: 280-291.

[10] GRACE M C, WU Z, JIANG X, et al. Unsafe exposure analysis of mobile in-app advertisements abstract[C]. ACM Conference on Security & Privacy in Wireless & Mobile Networks, 2012: 101-112.

[11] FALAKI H, LYMBEROPOULOS D, MAHAJAN R, et al. A first look at traffic

on smartphones[C]. ACM Sigcomm Conference on Internet Measurement, 2010: 281-287.

[12] CONSOLVO S, JUNG J, GREENSTEIN B, et al. The Wi-Fi privacy ticker: Improving awareness & control of personal information exposure on Wi-Fi[C]. ACM International Conference on Ubiquitous Computing, 2010: 321-330.

[13] XU R, SADI H, ANDERSONR. Aurasium: practical policy enforcement for android applications[J]. The 21st Usenix Conference on Security Symposium, 2012: 27.

[14] MAIER G, SCHNEIDER F, FELDMANN A. A first look at mobile hand-held device traffic[C]. International Conference on Passive & Active Measurement, 2010: 343-356.

[15] 国家计算机网络应急技术处理协调中心，中国网络空间安全协会. App 违法违规收集使用个人信息监测分析报告[R]. 北京：国家计算机网络应急技术处理协调中心(CNCERT)，2021.

[16] 中国人大网. 全国人民代表大会常务委员会执法检查组关于检查《中华人民共和国网络安全法》《全国人民代表大会常务委员会关于加强网络信息保护的决定》实施情况的报告[EB/OL]. 2017. http://npc.people.com.cn/n1/2017/1225/c14576-29726949.html.

[17] ARZT S, RASTHOFER S, FRITZ C, et al. Flowdroid: precise context, flow, field, object-sensitive and lifecycle-aware taint analysis for android apps[J]. ACM SIGPLAN Notices, 2014, 49(6): 259-269.

[18] ENCK W, GILBERT P, HAN S et al. TaintDroid: an information-flow tracking system for realtime privacy monitoring on smartphones[J]. ACM Transactions on Computer Systems (TOCS), 2014, 32(2): 1-29.

[19] LINDORFER M, NEUGSCHWANDTNER M, WEICHSELBAUM L, et al. Andrubis-1,000,000 apps later: a view on current android malware behaviors[C]. Third International Workshop on Building Analysis Datasets and Gathering Experience Returns for Security, 2014: 3-17.

[20] KOPONEN T, CHAWLA M, CHUN B G, et al. A data-oriented (and beyond) network architecture[J]. ACMSIGCOMM Computer. Communication. Review, 2007, 37(4): 181-192.

[21] LIU Y, SONG H H, BERMUDEZ I, et al. Identifying personal information in internet traffic[C]. The 2015 ACM on Conference on Online Social Networks, 2015: 59-70.

[22] REN J, RAO A, LINDORFER M, et al. Recon: revealing and controlling privacy leaks in mobile network traffic[C]. International Conference on Mobile Systems, 2016: 361-374.

[23] 王元卓，范乐君，程学旗. 隐私数据泄露行为分析——模型、工具与案例[M]. 北京：清华大学出版社，2014.

[24] WARREN S D，BRANDEIS L D. The right to privacy[J]. Harvard Law Review，1890，4(5): 193-220.

[25] 张鸿霞，郑宁. 网络环境下隐私权的法律保护研究[M]. 北京：中国政法大学出版社，2013.

[26] 刘博宇，汤晔. 网络通讯检查视域下公民隐私权保护问题研究[J]. 法制博览，2018(14)：22-24.

[27] MCCALLISTER E, GRANCE T, SCARFONE K A. Sp 800-122. guide to protecting the confidentiality of per-sonally identifiable information(pii)[R]. Gaithersburg, MD, United States: National Institute of Standards & Technology, 2010.

[28] MALIN B. Betrayed by my shadow: learning data identity via trail matching[J]. Journal of Privacy Technology, 2005(6): 15213-38901.

[29] ROESNER F, KOHNO T, WETHERALL D. Detecting and defending against third-party tracking on the web[C]. Usenix Conference on Networked Systems Design & Implementation, 2012: 12.

[30] BARTEL A, KLEIN J, MONPERRUS M, et al. Automatically securing permission-based software by reducing the attack surface: an application to android[C]. 2012: 274-277.

[31] YANG Z, YANG M, ZHANG Y, et al. Appintent: analyzing sensitive data transmission in android for privacy leakage detection[C]. ACM Sigsac Conference on Computer & Communications Security, 2013: 1043-1054.

[32] AU K W Y, ZHOU Y F, HUANG Z, et al. Pscout: analyzing the android permission specification[C]. ACM Conference on Computer and Communi-cations Security, 2012: 217-228.

[33] BACKES M, GERLING S, HAMMER C, et al. AppGuard-fine-grained policy enforcement for untrusted android applications[M]. Lecture Notes in Computer Science. Berlin, Heidelberg: Springer Berlin Heidelberg, 2014: 213-231.

[34] GERBER P, Volkamer M, Renaud K. Usability versus privacy instead of usable privacy:google's bal-ancing act between usability and privacy[J/OL]. ACM

Sigcas Computers & Society, 2015, 45(1): 16-21.

[35] PENNEKAMP J, HENZE M, WEHRLE K. A survey on the evolution of privacy enforcement on smartphones and the road ahead[J]. Pervasive & Mobile Computing, 2013, 42(9): 79-86.

[36] SENEVIRATNE S, KOLAMUNNA H, SENEVIRATNE A. A measurement study of tracking in paid mobile ap-plications[C]. The 8th ACM Conference on Security & Privacy in Wireless and Mobile Networks (WiSec), 2015: 1-6.

[37] CHEN T, ULLAH I, ALI KM, BORELI R. Information leakage through mobile analytics services[C]. The Workshop on Mobile Computing Systems and Applications, 2014: 1-6.

[38] LEONTIADIS I, EFSTRATIOU C, PICONE M, et al. Don't kill my ads! balancing privacy in an ad-supported mobile application market[C]. Twelfth Workshop on Mobile Computing Systems & Applications, 2012: 28-29.

[39] GEORGIEV M, IYENGAR S, JANA S, et al. The most dangerous code in the world: validating ssl certificates in non-browser software[C]. ACM Conference on Computer & Communications Security, 2012: 38-49.

[40] FAHL S, HARBACH M, MUDERS T, et al. Why eve and mallory love android: an analysis of android ssl (in)securit[C]. ACM Conference on Computer and Communications Security, 2012: 50-61.

[41] TALHA K A, ALPER D I, AYDIN C. Apk auditor: permission-based android malware detection system [J]. Digital Investigation, 2015(13): 1-14.

[42] ZHOU Y, WANG Z, ZHOU W, et al. Hey, you, get off of my market: detecting malicious apps in official and alternative android markets[C]. The 19th Annual Network & Distributed System Security Symposium(NDSS 2012), 2012: 857-862.

[43] JU S H, SEO H S, JIN K. Research on android malware permission pattern using permission monitoring system[J]. Multimedia Tools & Applications, 2016, 22(75): 14807-14817.

[44] FELT A P, CHIN E, HANNA S, et al. Android permissions demystified[C]. ACM Conference on Computer and Communications Security, 2011: 627-638.

[45] ATZENI A, SU T, BALTATU M, et al. How dangerous is your android app? an evaluation methodology [C]. International Conference on Mobile and Ubiquitous Systems: Computing, NETWORKING and Services, 2014: 130-139.

[46] FELT A P, HA E, EGELMAN S, et al. Android permissions: user attention,

comprehension, and behavior [C]. The eighth symposium on usable privacy and security, 2012: 3.

[47]　WEI F, Roy S, OU X. Amandroid: a precise and general inter-component data flow analysis frame-work for security vetting of android apps[C]. The 2014 ACM SIGSAC Conference on Computer and Communications Security, 2014: 1329-1341.

[48]　LU L, LI Z, WU Z, et al. Chex: statically vetting android apps for component hijacking vulnerabilities [C]. ACM Conference on Computer and Communications Security, 2012: 229-240.

[49]　YANG Z, YANG M. Leakminer: detect information leakage on android with static taint analysis[C]. Software Engineering, 2013: 101-104.

[50]　BARTEL A, KLEIN J, TRAON Y L, et al. Dexpler: converting android dalvik bytecode to jimple for static analysis with soot[C]. ACM Sigplan International Workshop on the State of the Art in Java Program Analysis, 2012: 27-38.

[51]　FUCHS A P, CHAUDHURI A, FOSTER J S. Scandroid: automated security certification of android appli-cations[R]. Tech rep., Universityof Maryland, College Park, 2009.

[52]　CHENG W, DAN R K P, BLANKSTEIN A, et al. Abstractions for usable information flow control in aeolus [C]. Usenix Conference on Technical Conference, 2012: 12.

[53]　GIBLER C, CRUSSELL J, ERICKSON J, et al. Androidleaks: automatically detecting potential privacy leaks in android applications on a large scale[C]. International Conference on Trust Trustworthy Computing, 2011: 291-307.

[54]　BICHHAWAT A, RAJANI V, GARG D, et al. Information flow control in webkit's javascript bytecode[M]. Berlin：Sringer, 2014.

[55]　ZELDOVICH N, BOYDW S, Kohler E, et al. Making information flow explicit in HISTAR[J]. OSDI 2006-7th USENIX Symposium on Operating Systems Design and Implementation, 2006: 263-278.

[56]　SCHWARTZ E J, AVGERINOS T, BRUMLEY D. All you ever wanted to know about dynamic taint analysis and forward symbolic execution (but might have been afraid to ask)[C]. Security and Privacy, 2010: 317-331.

[57]　HORNYACK P, HAN S, JUNG J, et al. These aren't the droids you're looking for:retrofitting android to protect data from imperious applications[C]. ACM Conference on Computer and Communications Security, 2011: 639-652.

[58] NI Z, YANG M, LING Z, et al. Real-time detection of malicious behavior in android apps[C]. Interna-Tional Conference on Advanced Cloud and Big Data, 2017: 221-227.

[59] SUN M, TAN G. Nativeguard:protecting android applications from third-party native libraries[C]. the 2014 ACM Conference on Security and Privacy in Wireless & Mobile Networks, 2014: 165-176.

[60] GILBERT P, CHUN B G, COX L P, et al. Automating privacy testing of smartphone applications: Cs-2011-02[R]. Duke University, 2011.

[61] GARWAL Y, HALL M. Protect my privacy: detecting and mitigating privacy leaks on ios devices using crowdsourcing[C]. International Conference on Mobile Systems, Applications, and Services, 2013: 97-110.

[62] ACHARA J P, ROCA V, CASTELLUCCIA C, et al. Mobile App scrutinator: a simple yet efficient dynamic analysis approach for detecting privacy leaks across mobile oss[J/OL]. CoRR, 2016, abs/1605.08357. http://arxiv.org/abs/1605.08357.

[63] CHAO C Y, LU H L, CHEN C Y, et al. Craxdroid: automatic android system testing by selective symbolic execution[C]. IEEE Eighth International Conference on Software Security and Reliability-Companion, 2014: 140-148.

[64] KANG M G, MCCAMANT S, POOSANKAM P, et al. Dta++: dynamic taint analysis with targeted control-flow propagation[C/OL]. Network and Distributed System Security Symposium(NDSS 2011), 2011.http://www.isoc.org/isoc/conferences/ndss/11/pdf/5_4.pdf.

[65] MCCAMANT S, ERNST M D. Quantitative information flow as network flow capacity[J]. ACM SIGPLAN Notices, 2008, 43(6): 193-205.

[66] COX L P, GILBERT P, LAWLER G, et al. Spandex: secure password tracking for android[C]. Usenix Conference on Security Symposium. 2014: 481-494.

[67] MACHIRY A, TAHILIANI R, NAIK M. Dynodroid: an input generation system for android apps[C]. Joint Meeting on Foundations of Software Engineering, 2013: 224-234.

[68] CARTER P, MULLINER C, LINDORFER M, et al. Curiousdroid: automated user interface interaction for android application analysis sandboxes[C]. Financial Cryptography and Data Security, 2017: 231-249.

[69] HAO S, LIU B, NATH S, et al. Puma: programmable ui-automation for largescale dynamic analysis of mobile apps[C]. Proceedings of the 12th Annual International

Conference on Mobile Systems, Applications, and Services, 2014: 204-217.

[70] 李涛，王永剑，邢月秀，等. 移动终端的多维度隐私泄露评估模型研究 [J]. 计算机学报，2018，41(9)：2134-2147.

[71] LE A, VARMARKEN J, LANGHOFF S, et al. Antmonitor: a system for monitoring from mobile devices [C]. ACM SIGCOMM Workshop on Crowd-sourcing and Crowdsharing of Big, 2015: 15-20.

[72] RAZAGHPANAH A, VALLINA-RODRIGUEZ N, SUNDARESAN S, et al. Haystack: in situ mobile traffic analysis in user space[J/OL]. CoRR, 2015, abs/ 1510.01419. http://arxiv.org/abs/1510.01419.

[73] SONG Y, HENGARTNER U. Privacyguard: a VPN-based platform to detect information leakage on android devices[C]. ACM CCS Workshop on Security and Privacy in Smartphones and Mobile Devices, 2015: 15-26.

[74] TRIPP O, RUBIN J. A bayesian approach to privacy enforcement in smart-phones[C]. Usenix Confer-ence on Security Symposium, 2014: 175-190.

[75] GILL P, ERRAMILLI V, CHAINTREAU A, et al. Follow the money: understanding economics of online aggregation and advertising[C]. Internet Measurement Conference, 2013: 141-148.

[76] KRISHNAMURTHY B, WILLS C E. Characterizing privacy in online social networks[C]. WOSN'08: Proceedings of the First Workshop on Online Social Networks, 2008: 37-42.

[77] KRISHNAMURTHY B, NARYSHKIN K, WILLS C E. Privacy leakage vs. protection measures: the growing disconnect[C]. Web workshop on Security & Privacy, 2012: 1-10.

[78] LIU Y, GUMMADI K P, KRISHNAMURTHY B, et al. Analyzing facebook privacy settings:user expectations vs. reality[C]. ACM Sigcomm Conference on Internet Measurement Conference, 2011: 61-70.

[79] LEUNG C, REN J, CHOFFNES D ,et al. Should you use the app for that? Comparing the privacy implications of app- and web-based online services[C]. ACM on Internet Measurement Conference, 2016: 365-372.

[80] REN J, LINDORFER M, J. DUBOIS D, et al. Bug fixes, improvements, ... and privacy leaks - a longitu-dinal study of pii leaks across android app versions[C]. Network and Distributed System Security Symposium, 2018: 18-21.

[81] CONTINELLA A, FRATANTONIO Y, LINDORFER M, et al. Obfuscation-resilient privacy leak detection for mobile apps through differential analysis[C].

Network and Distributed System Security Symposium, 2017: 1-15.

[82] GHAFIR I, PRENOSIL V, SVOBODA J,et al. A survey on network security monitoring systems[C]. IEEE International Conference on Future Internet of Things and Cloud Workshops (FiCloudW), 2016: 77-82.

[83] 薛一波，王大伟，张洛什. 网络流场：理论和方法[J]. 计算机科学与探索，2014，8(1)：1-17.

[84] 张楠. 基于 ip 网络的通用数据采集系统的设计与实现[D]. 北京：北京邮电大学，2015.

[85] ALOK T. A look at the mobile App identification landscape[J]. IEEE Internet Computing, 2016, 20(4): 9-15.

[86] 李舒. 基于 Linux 多核平台的高性能报文采集系统的研究与设计[D]. 北京：北京邮电大学，2013.

[87] DUARTE V, FARRUCA N. Using libpcap for monitoring distributed applications[C]. International Con-ference on High Performance Computing and Simulation (HPCS), 2010: 92-97.

[88] CHEN M, ZHENG L, MIZRAHI T, et al. Ip flow performance measurement framework[J]. Introduction to Control System Performance Measurements, 2015, 4(1): 199-204.

[89] DAI S, TONGAONKAR A, WANG X, et al. Networkprofiler: towards automatic fingerprinting of android apps[C]. 2013 Proceedings IEEE INFO-COM, 2013: 809-817.

[90] 中国国家标准化管理委员会. GB/T 15237.1—2000 术语工作　词汇第 1 部分：理论与应用[M]. 北京：中国质检出版社，2004.